离线·重启试试
Reboot

李婷 主编

电子工业出版社
Publishing House of Electronics Industry
北京·BEIJING

未经许可,不得以任何方式复制或抄袭本书之部分或全部内容。
版权所有,侵权必究。

图书在版编目(CIP)数据

离线·重启试试 / 李婷主编 . -- 北京:电子工业出版社,2022.8
ISBN 978-7-121-43533-1

Ⅰ.①离… Ⅱ.①李… Ⅲ.①未来学－通俗读物 Ⅳ.① G303-49

中国版本图书馆 CIP 数据核字(2022)第 090771 号

责任编辑:胡　南
印　　刷:中国电影出版社印刷厂
装　　订:中国电影出版社印刷厂
出版发行:电子工业出版社
　　　　　北京市海淀区万寿路 173 信箱　邮编:100036
开　　本:720×1000　1/16　印张:12　字数:250 千字
版　　次:2022 年 8 月第 1 版
印　　次:2022 年 8 月第 1 次印刷
定　　价:78.00 元

凡所购买电子工业出版社图书有缺损问题,请向购买书店调换。若书店售缺,请与本社发行部联系,联系及邮购电话:(010) 88254888,88258888。
质量投诉请发邮件至 zlts@phei.com.cn,盗版侵权举报请发邮件至 dbqq@phei.com.cn。
本书咨询联系方式:(010)88254210,influence@phei.com.cn,微信号:yingxianglibook。

卷首语

"重启试试"是互联网时代一个充满戏谑的"meme"。只需点击按钮，剩下的交给系统，对结果不必苛待。它听上去轻而易举，偶尔透露出漠不关心，常常毫无用处。然而在现实世界中，重启、重建、重组……任何一种形式的从头再开始，都是对知识的系统性重构，以及反复的实践检验，过程中充满难以预见的挑战和阻碍。

事实上，人类自诞生起，就身处一个不断在废墟之上循环重启的世界。废墟是荒凉之地，是物质或精神上的失去、停滞、毁坏和湮灭。大范围的战争、天灾、病疫，小范围的冲突、意外、损坏，始终伴随着人类的进化和发展。

狄德罗在18世纪中叶开始编纂《百科全书》时说："若是发生了某种灾变，严重到足以让科学的进展停滞、工匠的劳作中断，让我们这个半球重新陷入黑暗之中，那么彼时，便是这部作品最为荣耀的时刻。"启蒙时代的学者用28卷书页收录了71818个词条，这些知识的线索和结构成为人们走出蒙昧、获取新思维的指针。

重建也不止发生在我们视野可及的范围内。在不同的空间、地域、时代、群体中，重建一直在进行。**宇宙、人类世界、艺术与文化是本期专题我们要探索的三个向度。**宇宙一明一灭，有恒星爆炸，有新星诞生；城市在历史的轨迹中变化、更替、新生；生物消亡，新物种出现，不同物种间相互关联，造就了多样性；艺术家在生命的废墟上重塑文化家园，用意志力和创造力搅动新的浪潮；甚至在虚拟世界里，在末日游戏中，我们也全力以赴，去再造，去复兴。

这些真实或虚构的场景和故事，是人类的智力与知识、生的意念、勤劳和勇气、不馁精神的写照。正是这些特质，让我们在重建中获得了更稳固的生存根基和精神力量，以及面对新世界和新生活的信心。

本期专栏内容都与专题紧密相关。

"工具"以生存主义者和末世准备者的装备为始，探究当代 EDC 文化的发端和演化。"缓读"剖析了贰瓶勉最重要的著作 BLAME! 中的经典废土设定，以及它如何影响了此后诸多赛博朋克类型作品的创作。"写作"是温柔的讲述、荒芜的星球、拯救文明火种的图书馆长、让火种不熄的机器人。

"遗产"回溯了 Flash 二十五年的兴衰历程。随着企业服务关闭，这个软件驱动的所有数据都成为了废墟。而 Flash 并不是个例。在技术急速更迭的时代，无数被关停的服务、无法打开的网站、忘记密码的账号、被淘汰的老旧机器，都在扩大着丢失、作废或被遗忘的数据量级。物理世界的断壁残垣尚有边界，网络世界却可以无限延伸，让这些数据仿佛从未存在过。如果有一天，除了肉体，我们的所有数据都寄生于网络时，一次突如其来的升级可能会让我们再也没有重启试试的机会。

数字废墟也在等待以新的秩序重建。

李婷，《离线》主编

Table of Contents
目录

专题 · Feature

12	每昼夜，3 亿颗恒星死去，3 亿颗恒星诞生	高爽
20	如何重建世界，以及科学为什么重要	刘易斯·达特内尔
36	重生的城市：18 个城和它们的年轮	离线编辑部
60	向松茸学习生存之道	张晓佳
70	红丝带与糖果堆：美国艺术幻灭与激荡的年代	宿颖
86	毁灭，按下 Start，重建！	徐栖

遗产 · Legacy

| 108 | 告别 Flash：从数字洪流到数字废墟 | rubber9soul |

工具 · Tools

| 124 | EDC 变迁史：从生存工具到手机一统江湖 | rubber9soul |

缓读 · Books

| 142 | BLAME！行至无穷 | 邓思渊 |

写作 · Writings

| 170 | 图书馆长和机器人 | 石黑曜 |

FEATURE
专题

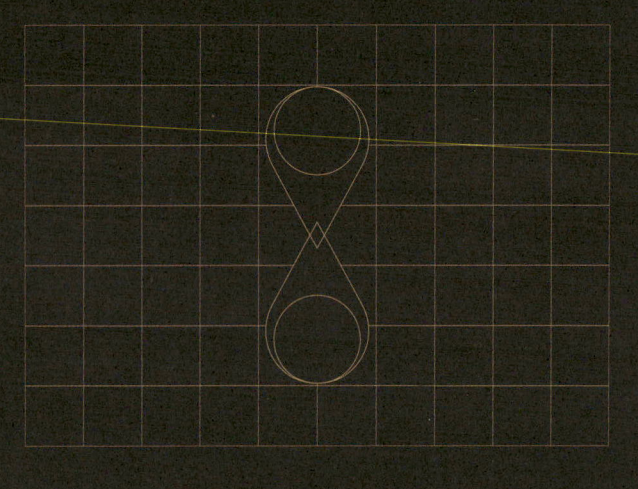

Reboot

重启试试

没有什么会被忘记，
也没有什么会失去。
宇宙自身是一个广大无边的记忆系统。
如果你回头看，
你就会发现这世界在不断地开始。

——

珍妮特·温特森，《守望灯塔》

专题·Feature

HUMAN WORLD

02 废墟中
人类世界新生

01 不灭宇宙

P12—P19
· 每昼夜，3亿颗恒星死去，3亿颗恒星诞生

P70—P105
· 红丝带与糖果堆：美国艺术幻灭与激荡的年代
· 毁灭，按下 Start，重建！

P20—P69

- 如何重建世界,以及科学为什么重要
- 重生的城市:18 个城和它们的年轮
- 向松茸学习生存之道

＊ THE UNIVERSE ＊

＊ ART AND POP CULTURE ＊

03 艺术和流行文化中
   的重建

专题 · Feature

| 重启试试 | 不灭宇宙

每昼夜，3亿颗恒星死去，3亿颗恒星诞生

We Have Stardust in Us as Old as the Universe

⏱ 10'

01

written by **高爽**

科普作家，翻译。1983年生于北京，德国海德堡大学天文学博士，国家天文台博士后，北京师范大学天文系前讲师、硕士生导师，得到App"天文学通识"课程主理人。

你就是星尘，亿万年后的星尘也是你。

试着深吸一口气。

你的呼吸道正在捕获一百万亿亿个氧原子，它们中一部分氧原子来自陆地上的绿色植物，这些植物包括原始森林中高大挺拔的云杉，也包括花园里微不足道的小草；另一部分氧原子来自海洋中的藻类；还有很少一部分氧原子来自地球大气层上空的水蒸气，它们被阳光照射后分解成了氧气和氢气。

除此之外，在你捕获的这一大口氧原子当中，少不了其他人和动物呼出来的残余氧气。不论是谁释放的氧气，其中的原子都会在 2 个月左右的时间里均匀地遍布整个地球。所以，从概率的角度来说，你呼吸的每一口空气中，都包含着十几个达·芬奇呼吸过的氧原子，以及几个某头恐龙呼吸过的氧原子。

这些原子在你的口鼻之间进进出出，它们转变成水和有机物，组成你身体的基本结构，或者再排出体外，被植物和其他动物吸收……忙忙碌碌，周而复始。

如今，恐龙只剩下泥沙中的遗骨，达·芬奇的遗体早已在战乱中不知所终。如今，你站在历史的废墟之上，试着再深吸一口气。

他们呼吸过的氧原子在你的口舌之间流动，这个事实本身就给天文学家带来极大的震撼。只要你嘴里有一个氧原子，就足以证明太阳的前世是一颗体型巨大的超级恒星。

地球上最常见的氧原子包含 8 个质子和 8 个中子组成的原子核，外面围绕着两个电子层，共计 8 个电子。这样结构的氧原子可以长期稳定存在。在地球上，它可以被两两组合成分子，以气体的姿态展现自己；它也可以与别的原子结合，变成水、二氧化碳、铁锈，以及药房给我们的大部分口服药物。但是，氧原子本身不会破裂，不会变质，不会消失。

　　2020年12月的第一天，305米口径的阿雷西博射电望远镜因为年久失修而倒塌，人类失去了一只"观天巨眼"。在钢结构的底座上，废弃的金属板和杂草混杂在一起，氧气变成铁锈和烟尘。天文台的废墟上，氧原子依旧存在。

　　2019年的亚马孙雨林因为干旱发生大火，燃烧中的森林把氧分子拆开，让氧原子和碳原子更好地组合。树木倒下了，在烈火燃烧的焦土上，氧原子永世长存。

　　1600百年前的罗马城陷落于蛮族之手。兵器散落，鲜血流淌，美食、美酒和黄金被洗劫一空。氧原子离开红色的血液，重新回到泥土之中。在神庙的废墟之上，氧原子不生不灭。

　　…………

　　你看，我们不生产氧原子，我们只是氧原子的搬运工。我们也没有能力破坏氧原子，氧原子只是我们生活中的匆匆过客。

　　和我们若即若离的不仅是氧原子，也包括所有其他的原子。那么原子究竟从何而来呢？

　　现代天文学的理论认为，所有的化学元素都是在核反应中被制造出来的，也只有核反应级别的能量可以改变一个原子的本质。人类制造的核反应，如原子弹和氢弹、大型实验室里的加速器和对撞机，它们都消耗巨大的能量，但只能出品一点点痕量的新原子。真正的原子工厂是太阳。

　　在太阳核心的深处，由于巨大的压力和极高的温度，氢原子被迫挤在一起，原子和原子之间本能的排斥力也难以抵挡挤压它们的力量。最终，原子被挤破，原子核重新排列，质子和中子重新结合成氦原子、氮原子和氧原子。这样的过程伴随着巨大的能量释放，释放出来的能量来到地球，就是我们看到的阳光。这是宇宙中效率最高的发动机，能量被源源不断地制造出来，新的原子被合成出来并且储存在太阳的核心，这个过程不可避免地会消耗原材料，但对整个太阳来说，这种体积和质量的亏损几乎可以忽略不计。

　　太阳以原子制造机的身份已经存在了将近45亿年，这样的情况在未来还会持续45亿年。这一切将会因为太阳核心的氢原子消耗殆尽、合成新原子的材料库存不足而结束。太阳的核心不再制造能量向外辐射，向内的引力开始主导一切。太阳的核心向内塌陷，外壳则开始加热，整个太阳向外膨胀，产生能量的效率大幅度降低。昔日黄白色的光芒不再，取而代之的是橙红色的暗光，太阳将以又大又红的姿态走入生命的最后阶段。

　　膨胀的太阳可以吞没太阳系里最内层的水星、金星、地球，橙红色的太阳边缘直逼火星轨道。这不是《流浪地球》里作者的想象，这是实打实的命中注定。太阳半径将扩大250倍，相当于在很短的时间内从一个西瓜变成了一座电影院。怒吼的太阳风席卷世界，地球变成焦土，随后在巨大的太阳火球中殒没。这是废墟吗？世界末日还有一线生机吗？

　　彻底烧完的太阳把自己的外壳抛出去，只剩下一个致密的核心，就像一块烧白的火炭一样渐渐冷却，这就是白矮星。抛出去的外壳是尘埃和气体，它们飘散到宇宙空间中，弥漫开来，成为一大片云雾状的存在，这就是星云。靠这种方式，太阳把它制造的新原子通过尘埃和气体的形式还给了宇宙。富含新原子的尘埃和气体慢慢飘荡、弥散、冷却、死寂——形成太阳系的墓场。

　　未来的某一刻，不知道什么原因扰动了这片墓地。气体和尘埃因为自身的引力相互吸引，慢慢靠拢、收缩、盘旋下落，再收缩。几十万年之后，弥漫的星云又重新变得浓密、黏稠，像个大气球。收缩不会停止，凝聚还在继续，直到大气球核心的压力超过极限，让原子和原子积压在一起，转变成新原子，释放能量。能量从大气球里钻出来向外辐射，它就是新一代的星光。大气球就是新一代的恒星，是我们太阳的后继者。那些还来不及收缩进大气球的尘埃和气体，在周围形成新的行星，也许像地球，也许像木星，这取决于它们跟大气球之间的距离和形成的时机。

它们是孕育于太阳系废墟之上的"新城"。新城的原材料本就是太阳吐纳的气体和尘埃，这些原材料比太阳刚诞生的时候含有更高比例的新原子，比如珍贵的金属。所以新一代的太阳和地球从一开始就有幸在原子更富足的世界里生长。有一天，新一代的太阳陨灭，新城也会再次成为废墟。不过没关系，宇宙的循环还在继续，物质的创生不会停止。每一代的天地，都会积累更富足的原子，都会仰赖上一代的太阳获得更多的珍贵物资。

废墟既是坟茔，也是新生的产房。

天文学家把这个过程叫恒星演化，叫元素核合成，叫天体物理学的规律。你可以叫它轮回。

> 人类文明本身就是建立在废墟之上的文明，人类文明最终也可能以废墟的方式谢幕。

但太阳和太阳之后的轮回有局限。太阳太小了，它的质量不足以产生更暴虐的活动。太阳的末日只是平静地推开躯壳，再保留一个核心。太阳的一生加上末日的活动不足以制造出更珍贵的原子。

绝大部分金原子、银原子和铂原子只能靠大质量恒星的合并和死亡制造，那才是宇宙中更大的力量、更耀眼的爆发。商场橱窗里熠熠生辉的贵金属珠宝都是恒星前世留下的遗产。

在太阳诞生之前，在这个世界不存在的时候，就在你所站的地方不远处，曾经有过一颗巨大的恒星。它的质量可能超过太阳的 30 倍，所以其核心制造原子和能量的效率更高，原材料消耗更快。因此，大质量恒星的寿命更短。在它生命的尾声，这颗大质量的恒星已经在自己体内制造了一连串的重要原子，它们是氦和氖、氮和碳、氧和硫、镁和硅，最后是铁和镍。整颗恒星就像一个巨大的洋葱，一层原子覆盖着另一层原子，等待生命的终点。

这颗大质量的恒星的末日可就不像太阳的末日那样温柔了。它的核心剧烈收缩之后反弹出来，整颗恒星剧烈爆炸，这一瞬间可以照亮整个银河系甚至周边的星系。天文学上称之为"超新星爆发"。那些远离我们、根本看不见的恒星往往只能靠着最后的辉煌被人注意到，光芒甚至会超过夜空中满月的亮度，古人误以为它们是新出现的恒星，实际上它们只是这颗大质量恒星生命终点的最后一声呼喊。

超新星是宇宙中瞬间爆发的最明亮的东西。远在宇宙最深处的超新星都有可能被天文学家的望远镜探测到。观测最远方的超新星，是天文学前沿的重大课题。远方的超新星意味着诞生在宇宙最年轻时代的物质，观测最遥远的超新星意味着探测宇宙中最长的距离。我们今天了解到的宇宙的年龄、宇宙中暗物质和暗能量的含量、宇宙空间的弯曲性质等这些信息，大部分都出自对最遥远的超新星的观察。

超新星的能量太大了，大到瞬间可以制造出全新的原子，比如宇宙中几乎全部的氧原子，包括你每口呼吸中富含的一百万亿亿个氧原子。超新星爆发制造的一切原子，全部释放到宇宙空间中，成为漂泊的星云。这是宇宙中最大的爆炸、最大的解体，形成最大的废墟。废墟中星云轮回，氧原子穿越其中，是不朽的王者。

不知过了多少次轮回，太阳出现了，地球也出现了。没有大质量恒星的分崩离析，就没有我们今天的金属文明，更没有依赖氧气存活的一切生灵。金矿、氧气和文明，都是恒星废墟之上的遗迹。

人类文明本身就是建立在废墟之上的文明，人类文明最终可能也以废墟的方式谢幕。

专题 · Feature

　　1600 年前罗马城陷落的时候，中国北魏朝廷的史官这样记录了天象："正月壬午，有星晡前昼见东北，在井左右，色黄，大如橘。"史官在白天就看到了黄色大如橘的超新星爆发。爱奥尼克的柱头轰然倒地，罗马城在废墟里哭泣。星云和 X 射线四散开来，另一颗大质量恒星寿终正寝。

　　2019 年亚马孙雨林发生大火时，代表猎户座左侧肩膀的红巨星大幅度变暗，它已经进入自己生命周期的最后阶段。森林大火的光艳映照着红巨星的微光，焦黑的森林下方开始孕育小型动物、大型菌类和其他生态资源。走向末日的红巨星的未来是星云，是重新凝结成下一代恒星的可能。

　　2020 年 12 月 1 日阿雷西博射电望远镜倒塌时，金属铝制造的望远镜镜面即将开始它缓慢腐蚀氧化的衰败过程。在同一天出版的《天文和天体物理学报》发表的论文里，天文学家雷特观测到了正在形成的遥远的太阳系和新行星的环境里的铝原子。这一天我们听见铝的哀歌，也看见铝的新征途。

　　每昼夜的时间，宇宙里大约有 3 亿颗新恒星诞生，另有 3 亿颗老恒星死去。物质的聚集和消散，原子的吸引和分离，光芒的释放和收敛，废墟之上的重建，滚烫过后的衰老……这些都是宇宙里司空见惯的日常。

　　废墟也好，圣殿也罢，原子们在引力的涟漪中起舞，核反应的创世轮回在激荡的辐射中歌唱。你就是星尘，亿万年后的星尘也是你。[end]

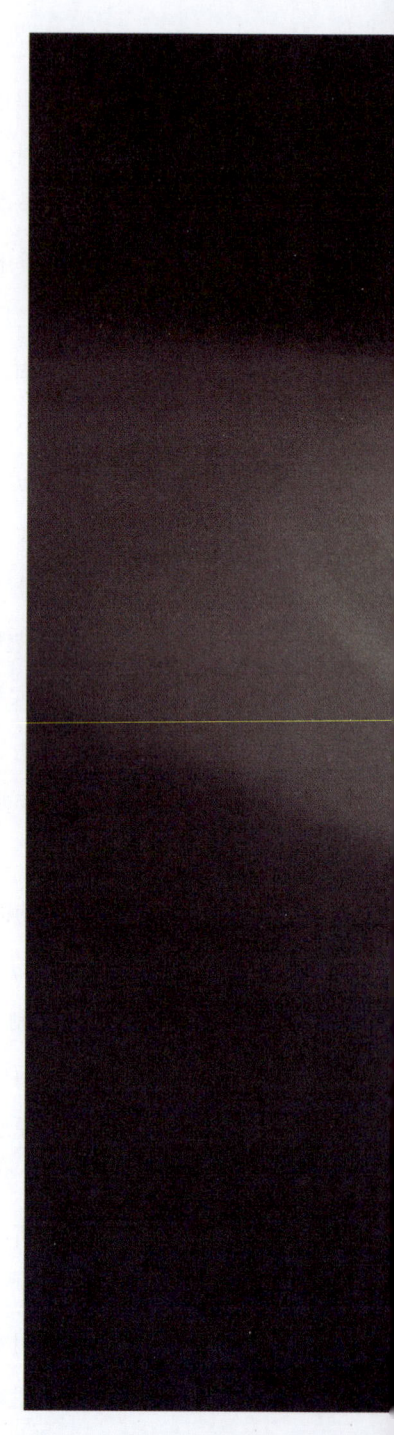

每昼夜，3亿颗恒星死去，3亿颗恒星诞生
We Have Stardust in Us as Old as the Universe

专题·Feature

重启试试 | 废墟中的人类世界新生

如何重建世界，
以及科学为什么重要

The Knowledge: How to Rebuild
Our World from Scratch

⏱ 22'

02

written by 刘易斯·达特内尔（Lewis Dartnell） translated by 秦鹏

莱斯特大学和英国航天局（UKSA）研究员，屡获殊荣的科普作家。著作包括《宇宙中的生命》《我的太阳系旅游指南》《原点：地球如何塑造我们》等。

> 帮助文明陷落幸存者的最好方法，不是创造一部所有知识的全面记录，而是针对其可能身处的环境提供一份基础性指南，以及重新发现关键知识所需的技术蓝图——也就是被称为"科学方法"的强大知识产生机制。

我们熟悉的世界已经消亡。现在该怎么办？

一旦幸存者认识到自己的窘境——之前的生活所依赖的基础设施已经全部崩溃，他们该怎么做才能在灰烬中崛起并确保长期的繁荣？又需要哪些知识才能尽快恢复重建？我们需要一份针对幸存者的基础性指南。

现今我们已经与维持自身生存的文明过程脱节。对于制造食物、避难所、衣服、药物、原料及其他关键物资等基本技能，我们表现出了惊人的无知。而我们习以为常的每一项现代技术，背后也都有着关联成网的其他技术作为支撑。仅仅了解每一个零件的设计和材料，远不足以制作出一部 iPhone。这部手机雄踞在一座庞大金字塔的塔尖，而构成塔身的则是大量的技术：开采和精炼用于制作触摸屏的稀有元素铟，用高精度的光刻法制造计算机处理芯片中的微电路以及扬声器中那些小得不可思议的零件，更别提维持远程通信和手机功能所必需的无线基站网络和基础设施了。文明崩溃之后出生的第一代人会觉得现代手机的内部机理完全无法理解，微芯片电路的走向细微得肉眼无法辨认，而其目的则更是深不可测。

> 一旦生活所依赖的基础设施全部崩溃，我们到底需要哪些知识才能尽快将世界重建起来？

科幻作家阿瑟·克拉克曾在 1961 年说过，任何足够先进的技术，看上去都与魔法无异。在大灾之后的时代，令人懊恼之处在于，这些不可思议的技术并不属于某种远在繁星之间的外星人，而是属于我们自己过去的某个时代。

专题·Feature

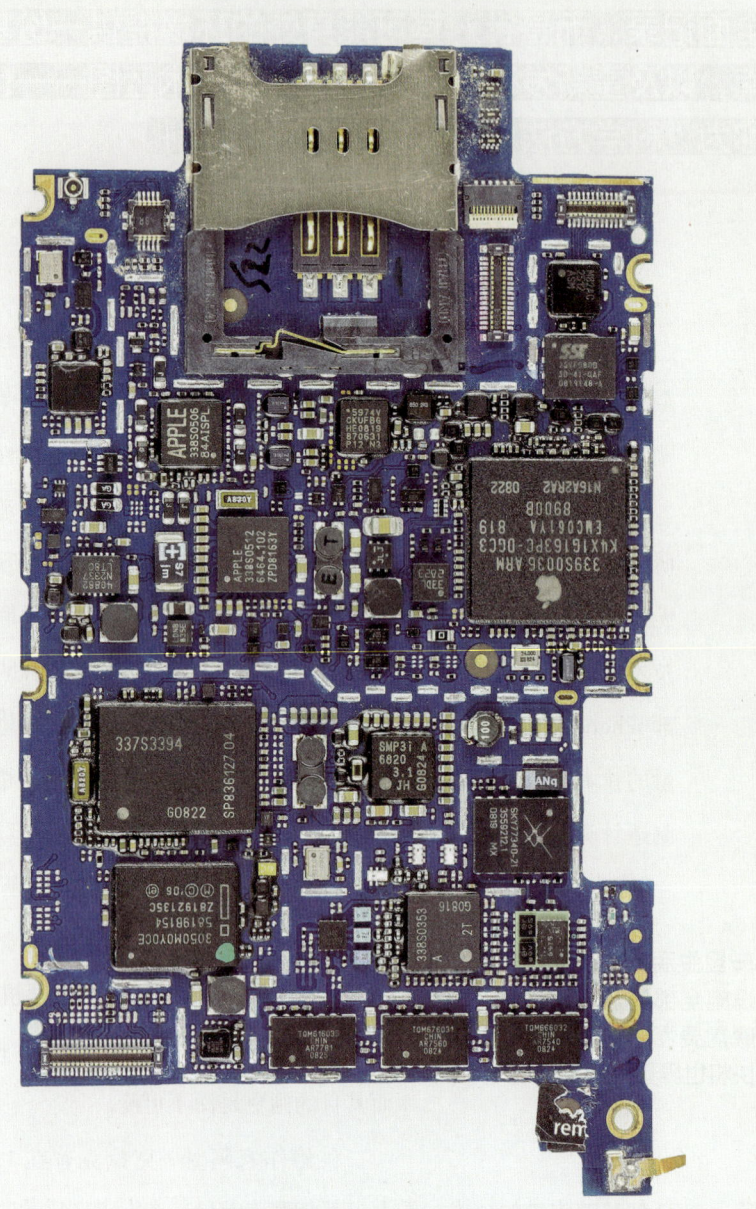

◐ 图 1：iPhone 3GS 主板。图片来源：Raimond Spekking / Wikimedia Commons CC BY-SA 4.0

什么样的手册最有用

幸存者面临的最大问题是,人类知识是集体共有的,分散在全部人口当中。没有任何个人具备足够的维持社会运行关键过程所需的知识。那么幸存者该向何处寻求出路?

我并不是纠结这个问题的第一人。詹姆斯·拉夫洛克借用生物学上的类比来解释我们该如何保护自己的遗产:"面临干燥问题的有机体常常把它们的基因封入孢子,这样它们重获新生所需的信息就能够挺过干旱期。"在拉夫洛克的想象中,对于人类而言,孢子的等价物是一本随时都适用的书。"一本初级科学读物,文字简明、含义清晰,适用于任何对地球的状态以及如何在地球上生存和生活感兴趣的人。"他所提出的其实是一项真正浩大的工程:在一本极为厚重的课本中记录下人类知识的完整集合,一旦读完这本著作,你便理解了当今所有知识的精髓。"A book for all seasons."

在理查德·费曼说过的一句话里,我们或许可以找到解决方案。他假设人类知识全部消亡,而自己只能把一句话安全地转达给灾难之后出现的随便什么智慧生物。什么句子能够用最少的词表达最多的信息呢?费曼认为是原子假说。"所有物体都由原子构成——这些微小的粒子永不停歇地运动着,稍微远离一点便互相吸引,被积压时便互相排斥。"你越是思索这一简单论断带来的推论和可验证假说,它就越是能对世界的性质做

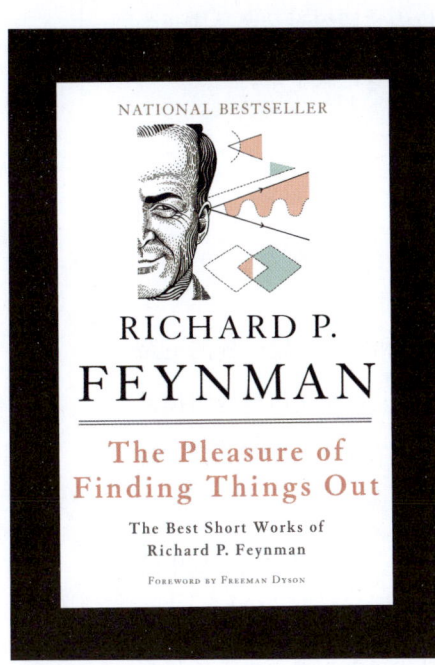

🕒 图2:费曼的演讲和采访合集,弗里曼·戴森作序,1999年出版。

出更多的揭示。粒子之间的吸引解释了水的表面张力，非常接近的原子之间相互排斥解释了我为什么不会直接陷入我身下的这把咖啡椅。原子的多样性，以及它们结合而成的化合物是化学的关键原理。这精心写就的一句话蕴含了巨大的信息量，而随着你的研究探索，这些信息将得到不断的揭示及扩充。

在费曼的启发下，我认为帮助文明陷落幸存者的最好方法，不是创造一部所有知识的全面记录，而是针对其可能身处的环境提供一份基础性指南，以及重新发现关键知识所需的技术蓝图——也就是被称为"科学方法"的强大知识产生机制。保存文明的关键是提供一枚内容精缩而又容易成长为枝繁叶茂的知识之树的种子，而不是试图把巨树本身记录下来。

> "面临干燥问题的有机体常常把它们的基因封入孢子，这样它们重获新生所需的信息就能够挺过干旱期。"我们需要一本记录下人类知识的完整集合的书，一旦读完它，你便理解了当今所有知识的精髓。

跨越式进入文明 2.0

在文明重启的过程中，幸存者没有理由沿着和以前一模一样的道路走。我们曾经走过的历史道路漫长而曲折，大体上是跌跌撞撞地瞎摸乱闯，长期舍本逐末。可是现在我们已经知道自己拥有了哪些知识，凭这种先知先觉，我们能否像个有经验的航海家那样抄近路呢？

首先，一些关键发现完全可能发生得更早一些。我们可以向恢复中的文明提供一些暗示，告诉他们该向何处去寻找以及优先进行哪些研究，这样幸存者就能够准确地弄清楚如何把一些关键技术重新创造出来。比如独轮车原本可以早出现好几百年，只需要有人提出想法就能被制作出来。它结合了轮子和杠杆的操作原理，构成了一种极其节省劳力的装置。但在轮子出现1000年后，独轮车才在欧洲被发明出来。

其次，一些影响深远的创新，幸存者应该力求直接实现它们，以便对其他复原所需的基本要素构成支持。活字印刷便是这样一种关键技术。只需些许指导，大规模印刷的书籍就会在新文明的重建过程中早日重现。

最后，在发展新技术的过程中，一些步骤可以直接跳过，跳到更加先进但仍然能够实现的体系。在当今非洲和亚洲的一些发展中国家中，就存在着这样一些鼓舞人心的跨越式发展例证，如很多没有接入电网的偏远社区建成了太阳能基础设施，直接省却了西方国家对化石燃料长达几个世纪的依赖。

遗憾的是，跨越式地推动文明前行的距离是有限制的。就算后末日时代的科学家完全理解某项应用的基本原理并创造出原则上能够运行的设计，他们仍然可能建造不出可使用的原型机。我将这称为"达·芬奇效应"。这位文艺复兴时代的伟大发明家画出了数不尽的机械和装置设计图，但是只有极少数成了现实。主要问题就在于达·芬奇的想法和设计太过超前。所以在幸存者指南中，我们可以参照当今一些援助机构向发展中国家提供中间技术的方式，为后末日时代的世界提供合适的技术。这些解决方案不仅能够极大地改善现状，还能够让当地劳工利用实践技能、工具和可获取的材料进行修复和维护。

事实上，沿着我们当前文明的轨迹重建是非常困难的。工业革命主要以化石能源为动力。这些容易获取的煤炭、石油和天然气的储藏如今大部分都被开采殆尽了。没有这种唾手可得的能源，我们之后的文明如何掀起第二场工业革命？解决之道在于及早采用可再生能源并对资源进行认真周到的回收利用。在下一次文明中，可持续发展说不定会出于纯粹的必要性而成为不二之选：一次绿色的复兴。

> 在文明重启的过程中，幸存者有没有可能根据已有的经验和知识，像个有经验的航海家那样抄近路呢？有，但跨越式地推动文明前行的距离是有限制的。

专题·Feature

◎ 图3：人类文明史上重要的发明：独轮车、活字印刷、太阳能光伏板。图片来源：Unsplash

如何重建世界，以及科学为什么重要
The Knowledge: How to Rebuild Our World from Scratch

世界"硬启动"指南

01 恢复基本的舒适生活，遏制进一步的倒退

文明崩塌之后，为了生存下去，当务之急是获取水和食物以及寻找适合居住的避难所。

首先，你需要尽快恢复基本的生产能力和舒适的生活，并且遏制住进一步的倒退。舒适生活所需的基本要素包括：充足的食物和洁净的水、衣服和建筑材料、能源和必需的药物。离开城市，搬到一个更加合适的地方居住，比如乡下，因为在一些城市，技术泡沫爆裂之后，环境会迅速变得不宜居住。但同时要向城市要资源，回收文明的剩余物资。幸存者最为紧迫关注的有这样几项：可种植的庄稼必须在死去和遗失之前从农场和谷仓中收集回来；柴油可以通过生物燃料作物得到补充，使发动机一直运转直到机械失效；零件也要进行回收，以便重新建立本地电网。其次，还需要从逝去的文明的残骸中拆卸零件、回收材料：后末日时代的世界需要再利用、焊补和应急装配方面的才能。但是各种待回收的资源中，最有价值的还是知识。很多书籍详细提供了建造文明所需的重要实践技能，非常值得参考。

02 重启后末日时代的农业和化学工业

在早期阶段你将要面临的一大挑战是重新开始农业生产，到时会有足够的空建筑为你提供避难所，地下的燃料池能用来推动车辆及发电。但是如果你被饿死了，这一切便全都没有了意义。因此必需品就位之后，便需要开始安排农业生产，妥善保护粮食储备，以及用植物及动物纤维制做衣物。从最基本的层面上来说，增长的人口意味着更多的人类头脑。而更多的人类头脑会更快地找到问题的解决方案。只有当农业生产效率达到某个关键阈值，社会才会开始回到通往更多复杂性的道路上。

纸、陶瓷、砖、玻璃和锻铁在今天都是寻常之物，然而需要它们的时候你又该如何制造呢？树木能够提供大量非常有用的材料：从建造用的木材到净化饮用水的木炭，同时还是一种能猛烈燃烧的固体燃料。一大批极为重要的化合物能从木头里烘烤出来，甚至其灰烬中也含有一种制造肥皂和玻璃等必需品所需的成分（名为草碱），也是生产火药的原料之一。拥有了基本的专业知识，你便可以从周围的自然环境中提取出大量其他不可或缺的材料——纯碱、石灰、氨、酸和酒精——并开启后末日时代的化学工业。

03　重新学习关键技术：医学、造纸、发电……

技术文明的崩溃将带来现代医疗的彻底瓦解。如果得不到合适的医疗照料，无关紧要的事故都可能造成死亡。医疗的关键技能是诊断，在后末日时代的文明重新学会制造高能射线前，听诊器仍将是你探知人体内部状况的关键工具。一旦基本的病因确认了，下一步就是开出药方或者进行手术干预。还有微生物学，虽然我们已经知道了青霉素的重要性，后末日时代的文明仍然需要达到一定的生产力水平，才能够生产出足够的抗生素。

书写是文明得以形成的基础技术之一。一旦诉诸物理介质，思想就可以得到可靠的存储。发展出书写系统的文化，其能够积累的知识要远远超过人群共同记忆的存储量。制造出干净平滑的纸，距离能够用书写进行沟通及永久记录知识才走了一半的路程。一旦所有的圆珠笔全都用尽或消失，另一项关键任务就是制造可靠的墨水来记录书面文字。

任何文明的发展都必须成功地驾驭热能和机械能，以便从肌肉力量的禁锢中解放出来。对风力和水力的驯服，加上役畜使用效率的提高，会对我们的社会造成巨大的影响。电力是非常重要的关键技术，在重启过程中应当尽快、尽全力地朝这一方向发展，掌握发电和存储电能的技术。

04 从物资的运输到思想的传递

一个国家的路网维护非常昂贵和耗时，在后末日时代，道路退化的速度将会快得令人吃惊。大部分现代交通工具的内部机理都是内燃机：它驱动着轿车、火车和轻型飞行器。机械化车辆也支撑着社会的运行，比如拖拉机、联合收割机、渔船。如果社会无法维持机械化，退而求其次的选项是畜力。动物牵引力和残存车辆的组合会形成一幅奇特的景观。而开拓海洋则不得不仰赖帆船了。

从人和物资的运输转向思想的传递，需要印刷和通信。突破了字模、压印机械和墨水的挑战后，约翰内斯·古腾堡于15世纪发明的活版印刷机就可以再次派上用场，从而快速复制知识。长距离通信可以通过传送书面信息来实现，而要想利用电力实现远距离通信则要靠无线电波。

05 更高的追求：高等化学、重建历法

经过几代人的重建、努力站稳脚跟之后，在一个更加先进的文明中，我们将能够利用更复杂的工业来满足需求。利用电力拆开化合物，解放其成分（也就是电解），你将有机会重建元素周期表。现代元素周期表是人类成就的一座丰碑，它绝不仅仅是化学家将已经识别出的元素制成的综合性列表，而更是一种知识的组织方法，让我们能够预测未曾发现之物的详细性质。

大多数社会都发展出了自己的长度、容积和重量测量单位。大部分被采用的单位都与人类日常生活息息相关：一磅重量相当于一捧肉或者谷物，一秒钟大体上相当于一次心跳。

当今全球科学界都在使用的公制是18世纪90年代在法国大革命的重构中诞生的。国际单位制（SI，法语 Système International 的缩写）仅仅定义了7个基本单位，包括长度、质量、时间和温度等，其他度量单位可以用这些基本单位的组合自然推导出来。

和米一样，时间也有其基本单位——秒。仅仅以这两种单位为基础，通过乘除运算，就能推导出大量其他单位。两个距离相乘得出面积，三个维度的距离相乘得出体积，其单位是距离的立方。用距离除以时间得到的是速度单位，如千米每小时。单位可以组合起来，通过进一步的推演描述更多物理性质。千克是质量的基本单位，质量除以体积得出了物体的密度，质量和速度的结合则可以得到移动物体的动量和动能。

02 科学方法：理解世界运作的发明

当恢复中的文明发现了前所未见的奇怪自然现象时，新的科研领域就会随之出现。但是，只有先设计出方法，从这些现象中抽取属性，将它们转化为能被可靠测量的物理量，人们才有可能理解这些现象，并利用它们开发技术应用。比如，当电被偶然发现时，研究者苦苦寻求量化这种新现象的性质的方法，是对自己受到的电击强度进行主观的评估。但是随着电现象得到研究，人们注意到了它的一些可复现的效应，并意识到可以利用这些效应进行测量。

这些测量世界的设备，以及它们所使用的标准单位，是科学的基本工具。只有通过专注的探求，才能够得到关于世界的知识。或者一个更

如何重建世界，以及科学为什么重要
The Knowledge: How to Rebuild Our World from Scratch

好的方法是，谨慎地设置人工环境，细致调查某个特定属性。这就是实验的本质。

人工约束条件，试图把干扰性或者复杂化的因素屏蔽掉，使我们能够仅仅专注于几个方面，这样的研究方法叫作实验。做实验就是向宇宙发出一条措辞明确的提问，并急切地等待宇宙的回答。实验方法要解决的问题是，不满足于自然凑巧向你展现出来的样子，所以要用不同的方式去试探，迫使它把一些被你严格定义的方面显露出来。一旦你控制了所有复杂化因素，确认了仅仅一个因素会产生的影响，就可以转而研究下一个，并以此类推、有条不紊地探寻整个体系，直到你理解了所有方面是如何构成一个整体的。

科学的绝对本质是，它提供了一种机制，让你决定哪一个解释最有可能是正确的。

基于已经掌握的知识和已经确立的理论，科学家构建出最可能的故事——假说，然后设计实验去检验这个故事。如果假说经受住了很多次实验或者观测的检验，没有发现缺陷，那么它就成了一个有着充分依据的理论，我们就可以有信心地用它来解释其他未知的方面。但是即便如此，仍然没有任何理论是永远无懈可击的：它本身有可能被推翻，被它无法解释的新观测结果所削弱，被更加符合观测数据的解释所替代。科学的本质在于不断承认你是错误的，并接受新的、概括性更强的模型。

> 科学和技术有着亲密的共生关系——科学发现推动技术进步，而技术进步又使更多知识得以创生。

因此，和其他信仰体系不同的是，科学实践能确保我们的"故事"随着时间的推移不断变得更加精确。

科学不是在列举你"知道什么"，而是解决你该"如何知道"。它不是产品，而是过程，是在观测和理论之间来回往复、永无休止的对话，是判断哪些解释正确、哪些解释错误的最高效的方法。这就是为什么科学作为一个理解世界运作的体系会如此有用，这也是为什么科学方法本身才是最伟大的发明。

03 科学与技术：互动和共生

科学知识的实际应用是技术的基础。任何技术的运作原理，都利用了某种特定的自然现象。比如钟表应用了这样一个发现：长度确定的摆会以不变的频率摆动，而这种可靠的规律性可以用来测量时间。白炽灯泡则是基于这样一个事实：电阻使金属丝发热，而很热的金属丝会发光。事实上，几乎所有技术都利用了一大批不同的自然现象，而新的技术总是建立在旧的技术之上的。在一项发明中，创新的部分往往只是既有零件的巧妙组合，每一项新技术都提供了新功能，而它本身又可以被集成到进一步的创新当中。技术产生更多的技术。

⊖ 图4：全文摘自《世界重启》。[英]刘易斯·达特内尔著，秦鹏译，未读／天津科学技术出版社，2020年7月版，有部分删节，由未读授权离线发布。

历史见证了科学与技术的密切互动。研究者发现了一种之前未知的现象，而这主要表现为一种无法用任何已知现象解释的观察结果，接下来研究者就会探索它的多种影响，学习如何最大限度地利用和控制它们。驾驭这些新原理，能使人们创造出新的工具或者其他发明，减轻人类的辛劳或者丰富日常生活——把特异性转变成实用性的过程。利用新原理还可以制造新的科学仪器，设计新实验，用新的方式审视和测量自然，推动更多的基础性发现并揭示更多的自然现象。科学和技术有着亲密的共生关系——科学发现推动技术进步，而技术进步又使更多知识得以创生。

当然，并非所有的创新都直接利用了最新的发现。手纺车就是以实用主义为原则解决问题的产物，甚至蒸汽机这一备受推崇的工业革命的标志性技术，最初被开发出来也主要是凭借经验性的知识和工程师的实践直

如何重建世界，以及科学为什么重要
The Knowledge: How to Rebuild Our World from Scratch

觉，而不是理论上的思考。实际上，在很多历史实例中，发明者并未正确理解其创造物背后的工作原理，但他们的发明还是管用的。比如罐装保存食品的做法被采用，要远早于人们接受细菌理论以及发现微生物引起的腐败。

哪怕对涉及的现象有着正确的科学理解，创造出管用的发明所需要的也远远不只是一次想象力和创造力的爆发。任何成功的创新都需要对设计进行长期的修补和纠错，才能达到可以被广泛采用的程度。

灾难的幸存者将会领悟到科学知识和批判性分析的重要性，若想尽量长久地保持现有技术，这些都是必需的。但是经过几代人之后，社会必须保护自己不会沦落到迷信和巫术当中，必须培养一种好问爱学、善于分析、基于实证的思维模式，才能迅速获得自己的技术能力。这是幸存者必须保持不灭的火焰。

凭借理性的思考，我们才能大幅提高食物生产率，掌握棍棒和火石之外的材料，驾驭自己肌肉之外的力量，建造能把我们送到脚力所不能及之处的交通方式。科学建造了我们的现代世界，重建它的，也必将还是科学。[end]

专题 · Feature

重启试试 | 废墟中的人类世界新生

重生的城市：
18 个城和它们的年轮

The Remarkable Rebirth of 18 Cities

🕒 35'

03

written by 离线编辑部

一个公社。

重生的城市：18 个城和它们的轮
The Remarkable Rebirth of 18 Cities

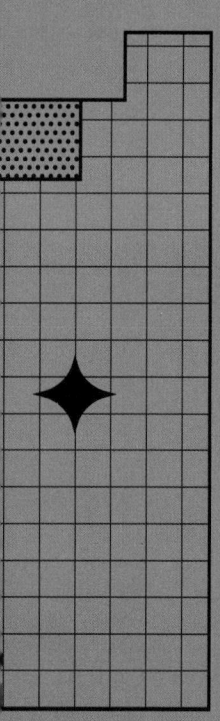

Intro

城市文明史上，西安或罗马这样的存在是幸运的，得以在漫长的不确定中保留下近乎完美的城市年轮。而对于多数城市，毁灭与重生才是城市故事的主线。毁灭是常态，它会以各种原因和形态随时到来；也有人必须返回其中，或是将历史凝结，或是将之塑造为全新的模样。更多的城市则是藉由留存下来的内核，在漫长的从毁坏到重建的轮回中保持了本体的不熄灭，如同船舶之中的龙骨。

正如迪耶·萨迪奇所说，这些经年累月才得以形成的要素，创造了一座城市的个性以及它最显著的标志。一旦形成，就难以被抹除，更不会被忘记。它们构成了接下来所有东西的起点和参照，但也可能被改变或破坏。它们包含了一个城市过去的所有痕迹，以及它继续演进的基础。

以下是 18 座城市和时间在它们身上留下的年轮。

专题·Feature

> 城市不仅仅是空间中的一个地点，它是时光长河中的一幕戏剧。
> ——帕特里克·格迪斯，《进化中的城市》

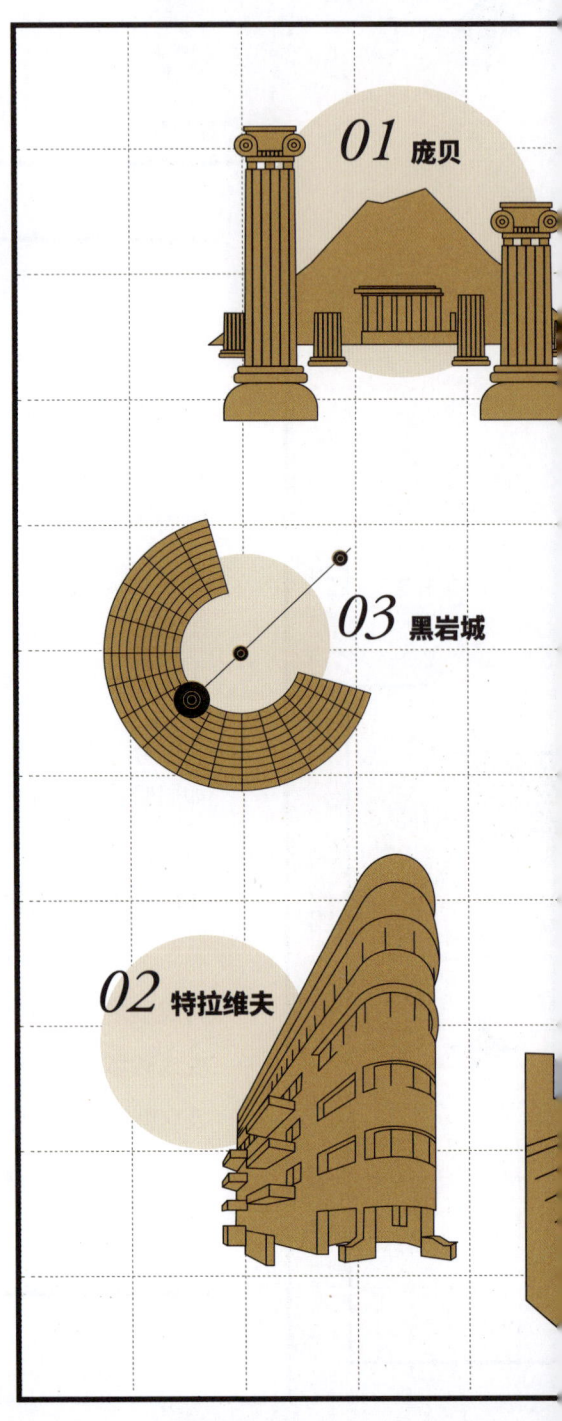

01　庞贝：未被重建的重建

一直以废墟形式存留至今的庞贝城，并非如世人想象的那样一瞬间凝固在了公元1世纪。正相反，它在历史洪流中反复被摧毁，又被重建，多重意义上的重建。它和我们想象中那个"完美还原罗马城市"的设定相去甚远。

02　特拉维夫："期待着下一个春天"

在希伯来语中，"特拉"(tel)意为山丘或小沙丘，考古学家也用它来指称那些废弃居住区形成的"堆积的废墟"，因此是古代以色列国毁灭的象征；"维夫"(aviv)意为"春天"，也意味着"新生"，隐喻复国的希望。

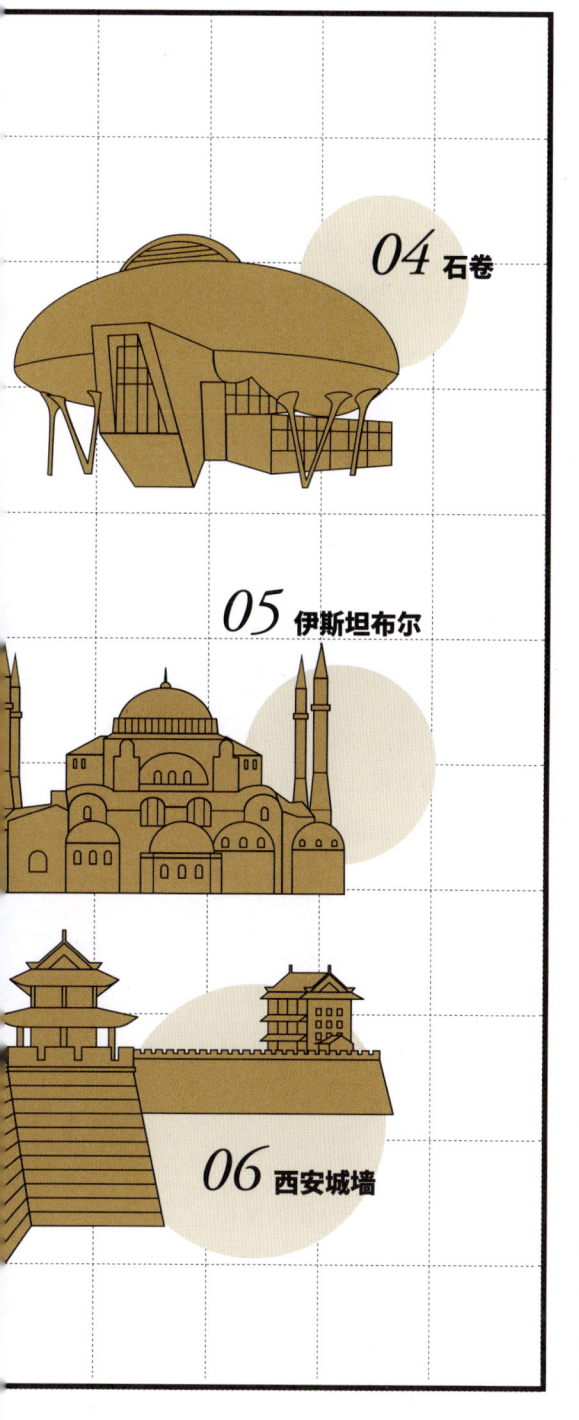

重生的城市：18 个城和它们的轮
The Remarkable Rebirth of 18 Cities

03　黑岩城：一周时间的自由与爱

每年夏末，在美国最严酷、最空旷的沙漠中，一座城市拔地而起，从基础设施到艺术装置一应俱全，一周后在火焰中消失。不计其数的作品、能量和金钱随着城市激烈地化为灰烬——仅仅是为了黑岩城居民的爱、愉悦和欢乐。

04　石卷：出发吧，闪亮的机器！

木材被制成纸张，纸面印上漫画，人类从格子里的故事中获得勇气。在遭受"3·11"日本地震的侵袭之后，面对破碎的城市和痛苦的市民，石卷制纸厂的"8号"造纸机和石森漫画博物馆的"Mangattan 飞船"默默施展了重生之力。

05　伊斯坦布尔："帝国斜阳的忧伤"

伊斯坦布尔在当代的意义不断被政治目的修改着、操纵着，也塑造着人们的记忆。用于定义身份的纪念建筑被拆除又重建，它们不仅是地理上的参照点，更是城市历史真切的记录者，定义了一座城市的情感生活。

06　西安城墙：人类经验堆叠而成的纪念碑

经历了明清的建城、地震、扩建、民国的战乱、修城、轰炸，以及新中国成立后的拆除、保护、最终修复，西安城墙不再是"某一时刻的纪念碑"，而是"在时间的进程中获得自己的纪念碑性"。在这个建构过程中，它成了历史本体的一个绝佳象征。

01
庞贝悖论：以废墟的形式重建

公元前1世纪，建城已有500年左右的庞贝成了罗马帝国的殖民地。帝国赠予退役士兵土地，当地人也被授予"帝国国籍"，这座城市未经历过多挣扎就成为一座真正的"罗马城市"，直至它意外消亡。这也是为什么庞贝一直被推崇、敬仰和怀念的原因。它独一无二且最大限度地保留了昔日宏伟帝国的风貌，一种无论在何时何地都无法再寻得的风貌。

然而一直以废墟形式存留至今的庞贝城，并非如世人想象的那样一瞬间凝固在了公元1世纪。正相反，它在历史洪流中反复被摧毁，又被重建，多重意义上的重建。

公元62年，至少已经有600年历史的庞贝遭到了一场地震的严重破坏，这场地震还跟随了多场余震。"大半个城毁于一旦"，塔西佗的描述虽略有夸张，但后来的发掘证明，直到17年后维苏威火山喷发之时，许多公共建筑都并未恢复正常运营。

地震后重建最大的障碍是社会阶层的大震荡。城市衰败让当时的许多贵族决定离开，新兴的富人接管了原先贵族的豪华房屋，同时隶属于原先贵族的大批奴隶又被释放。房屋的功能随着使用者身份的变化而变化，修复工作进展得极其缓慢，有些甚至搁置了。公元79年真正的末日来临时，庞贝仍处于长期重建的状态。罗马人生活中最重要的公共浴场，还在修葺中。阿波罗神庙、密涅瓦和赫拉克勒斯神庙，这两个主神庙已经多年无法使用。私人房屋的状况也混乱不堪，有的待修补，有的功能不明。这和我们想象中的那个"完美还原罗马城市"的设定相去甚远。

庞贝的大规模考古从18世纪30年代开始延续至今。近300年的发掘修复工作极其复杂和波折，而且还伴随着各种意外、破坏和灾难。早期的考古技术十分落后，一些珍贵遗迹消失了（比如壁画），同时又多出了一些假"遗迹"，它们是为当时的修缮工作而建的，但已混迹在真遗迹之中。偷盗和抢掠从未停止，遗迹被进一步损害，又为修复过程增加了意料之外的障碍。第二次世界大战期间城市被无情轰炸，毁坏得彻底。这些遗迹其中一部分被精心重建了，肉眼几乎无法分辨真假，像是南边的大剧院和西边的广场；另有一部分则用来建造了新的功能性建筑，服务于络绎不绝的游客，比如游客中心和餐馆。还有更细节和更本质的部分：在整个城市街道、房屋、商铺、神庙、市民生活的还原过程中，废墟留下的真实是有限的，学者主观的猜测不可避免，城市旅游业必然商业化。三者叠加不断带来误解和争论，激发了无数访客的好奇心——庞贝不是一块琥珀这么简单。

我们重现的究竟是哪个庞贝？用古典学家玛丽·比尔德的话来说，这座城市"似乎存在于毁灭与重建、古代与现代之间那片古怪的真空地带"。它也许被虚假地重建了。

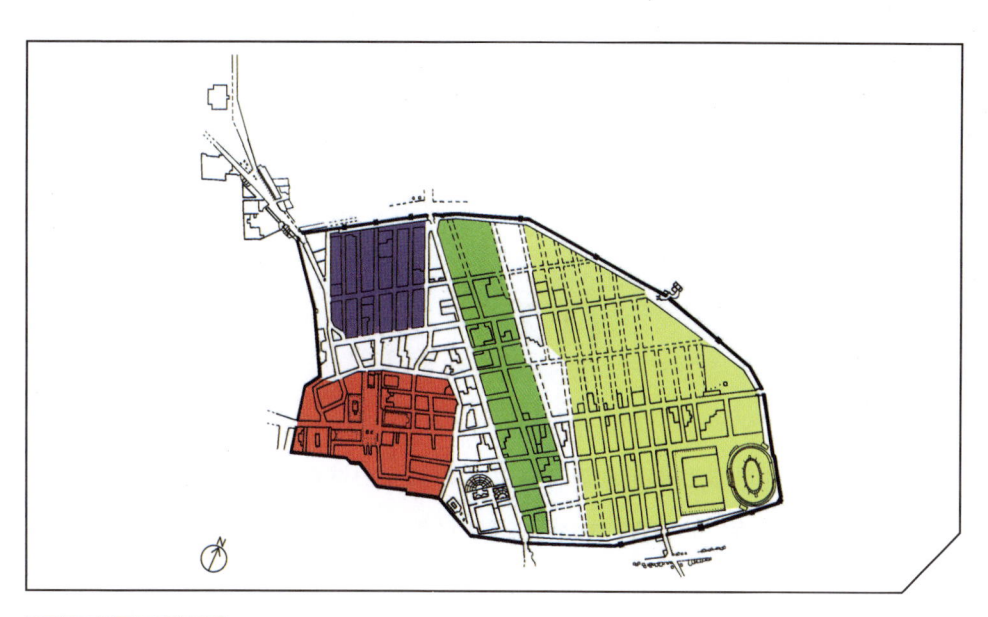

◐ 图1: 庞贝城的建立

红色区域是庞贝最早的定居点，可以追溯到公元前8世纪。黄色区域是约公元前89年纳入罗马帝国后逐步扩张而来的。绿色和蓝色居于这两个时间段之间。从图上可以看出，在被火山灰掩埋的时候，庞贝已经是一座不断被时间和技艺修复的古老城市了。图片来源：Marcus Cyron / Wikimedia Commons CC BY-SA 3.0

专题 · Feature

◷ 图 2: 斯塔比亚浴场

"罗马洗浴和罗马文化是同义词。"玛丽·比尔德在她的著作中写道。庞贝人享受洗浴的方式和现代人极为相似。他们来到浴场不只是为了清洁身体,浴场还会提供各种有益身心的项目,甚至包括图书馆。这样热闹的场所逐步发展成了越来越庞大的建筑。斯塔比亚浴场是庞贝最大的浴场。可惜的是,它就是在先前地震中丧失功能的公共场所之一,火山喷发时,还没有完全恢复开放。它是遗迹中的遗迹。图片来源:图虫创意

⊘ 图 3:"农牧神之家"

庞贝城内最大也是最受游客追捧的房屋。除了这尊"农牧神"青铜像,房屋内整套精美的镶嵌画也让这处遗迹名声大噪。据考证,这些镶嵌画至少在公元前 2 世纪就已经装饰完毕,虽然和整栋房屋豪华的气质相得益彰,但能想象公元 79 年的庞贝人看到这个画风,也一定觉得过时了。图片来源: Porsche997SBS / Wikimedia Commons CC BY-SA 3.0

02
特拉维夫:犹太人重建犹太城

　　特拉维夫 - 雅法城西濒地中海,是以色列第二大城市以及"硅溪"(Silicon Wadi) 地区的"心脏"。这座城市给人的第一印象,是蓝色大海边的一颗白色明珠。很难想象在这片《圣经》里记载的古老土地上,还有这样一座年轻的城市。它很年轻、西方化,只有 100 多年的历史,不像其他城市那样,每一块石头都承载着 5000 年的过去。在特拉维夫建城史的背后,是一段犹太人重建犹太城的故事。

重生的城市：18 个城和它们的轮
The Remarkable Rebirth of 18 Cities

罗马时期，犹太第二圣殿被毁，犹太人离开了祖祖辈辈生活的地方。直到 19 世纪下半叶，也就是锡安主义（犹太复国主义）初期，一代代犹太人不断地呼吁回归，回到耶路撒冷——上帝的应许之地。

"政治锡安主义之父"西奥多·赫茨尔在 1902 年出版了一部著作《新故土》，同年被译为希伯来语出版，书名译为《特拉维夫》。在希伯来语中，"特拉"（tel）意为山丘或小沙丘，考古学家也用来指称那些废弃居住区形成的"堆积的废墟"，因此是古代以色列国毁灭的象征；"维夫"（aviv）意为"春天"，也意味着"新生"，隐喻复国的希望。译者纳胡姆·索洛科夫的这个比喻最终被选作新城的名字。

在特拉维夫之前，这里的犹太居民生活在阿拉伯城市雅法。雅法是世界上最古老的港口之一。在 19 世纪，雅法人口快速增长，城内已无法容纳，于是在 19 世纪 70 年代拆除了城墙，在城外兴建规模更大的新市区。特拉维夫最初便是雅法城外的一个犹太居民区。

19 世纪末，欧洲反犹主义运动开始升温。面对仇视和迫害，犹太人决定要形成整体，推进锡安主义计划。这一次，计划不再是在精神上构建文化认同，而是考虑尽快建立犹太国家。世界锡安主义组织成立基金会，开始出资购置土地，向雅法的北部发展，新建了一些犹太街区。这些街区一开始并没有预先规划。在这段时间里，特拉维夫和雅法两座城市双生共存，直到 1921 年，雅法城的阿拉伯人和犹太人突发冲突，最终导致两

🕐 图 4: 城市盾徽

在 1934 年特拉维夫建城 25 周年之际，当局决定为城市设计自己的徽章。7 颗星星代表赫茨尔提出的每天工作 7 小时的计划；中央的灯塔代表特拉维夫的老港口，这座港口多年来是成千上万的移民进入城市的入口。盾徽上的铭文出自《耶利米书 31:4》："以色列的民哪，我要再建立你，你就被建立。"图片来源：Wikimedia Commons Public Domain

专题 · Feature

个街区正式独立。特拉维夫获得自治权，不再受雅法市政府的管辖。

自从各犹太街区汇集并形成一定的自治，规划新城市的愿望便逐渐产生。市长梅尔·迪森高夫决定邀请帕特里克·格迪斯来编制城市规划。格迪斯是西方人本主义城市规划思想家，他重视人与空间的关系，立志要把特拉维夫建成"到处是蔬果的田园城市"，希望"全世界都可以看到，锡安主义是社会重建和城乡关系的最佳代表"。1925年夏季，也就是规划草图完成之时，格迪斯的梦想开始逐步实现，公路和广场延伸至亚孔河，一步步地打桩、平整、铺石。就在沙地上，就在脑海里，就在规划图上，新城准备登场了。

1947年，联合国大会通过决议，决定在巴勒斯坦地区分别建立一个阿拉伯国和一个犹太国。次年，以色列国正式成立，以特拉维夫为临时的首都，两年后特拉维夫和雅法两市合并。今天，特拉维夫–雅法区域已成为

图5: 白城

特拉维夫在规划之初就致力于将新街区建造得"现代化"，打造一座明亮光鲜、绿树成荫的城市，既是为了吸引雅法老城的犹太人前去定居，也是决意要与"母城"雅法彻底割裂的宣示。

特拉维夫市北部区域有世界最大规模的包豪斯式现代主义建筑群，大约有4000幢建筑。这种建筑风格由20世纪30年代从欧洲建筑学校毕业的学生带来。他们许多人曾在包豪斯学院学习，也有师从勒·柯布西耶和埃里希·门德尔松的。现代风格、多功能、简洁而没有装饰的建筑被认为相当适合这座年轻而发展迅速的城市。建筑大多为2~4层，占地面积不大，由于其外墙多为浅色灰泥，故名"白城"。2003年，联合国教科文组织将白城认定为世界文化遗产。

在以色列，夏季气温常超过40°C，因此新建的包豪斯建筑都有巨大的阳台，其护栏设有水平开口，以促进空气流通。图中这座建筑因其特别的窗户造型被称为"温度计大楼"。不过首先它是一个功能性的住宅空间，奇怪形状的窗户与室内楼梯排成一排，既可以让光线进入，又不会像完全打开的窗户那样产生过多的热量。图片来源：BergA / Wikimedia Commons CC BY-SA 3.0

发达的大都市，海岸线长达 14 公里，此区域内人口约 38.5 万，占地约 52 平方公里，已成为以色列的文化之都。100 年前赫茨尔的乌托邦想象，他所梦想的"新故土"，通过特拉维夫这座"春天的小丘"，获得了物质的载体。

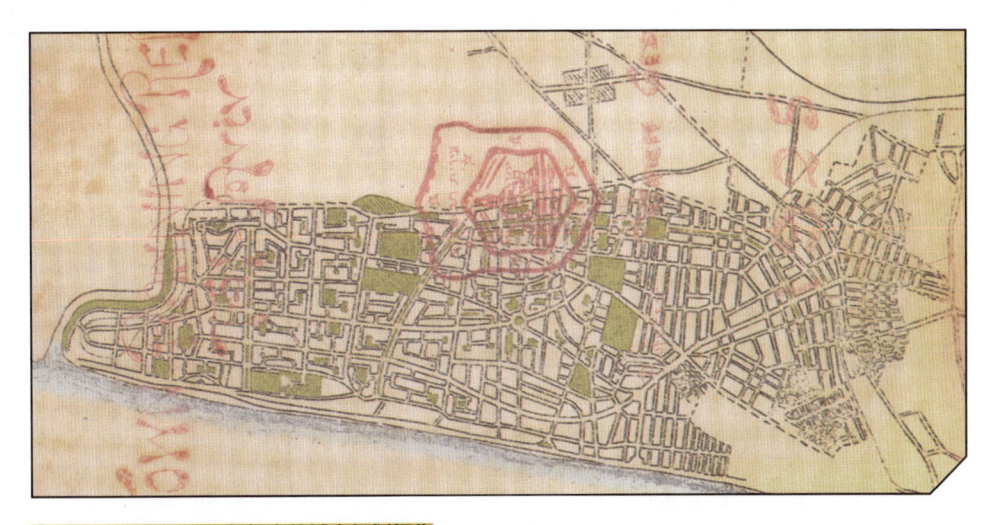

⏱ 图 6: 格迪斯 1925 年提交的城市规划报告

帕特里克·格迪斯（Patrick Geddes, 1854—1932 年）是苏格兰生物学家、社会学家和城市规划师，也是现代城市和区域规划理论的先驱思想家之一。这份规划的理念是让"花园式的村庄"进入城镇的中心。街区中心地带建有花园和公共建筑，周围则修建主干道和机动车道。与此同时，在街区内部修建一些狭窄的街道，禁止车辆通行。这些车辆禁行道有意建造得"不方便"，因而成为当地居民的人行道，被称为"门前小道"。图片来源：Wikimedia Commons Public Domain

03
黑岩城：自由和创造，在沙漠之城沸腾

每年 8 月底，在美国最严酷、最空旷的沙漠中，一座城市拔地而起，一周后在火焰中消失。它是一场有关社区与艺术的激进实验，一切不平常的事都在这只有一周生命的城市中稀松平常地发生着。这就是火人节，这就是黑岩城。

欢迎来到黑岩城。

火人节十原则
-Principles-

01 绝对包容 Radical inclusion
02 无条件赠予 Gifting
03 去商品化 Decommodification
04 极端自给自足 Radical self-reliance
05 完全展示自我 Radical self-expression
06 共同努力 Communal effort
07 公民责任 Civic responsibility
08 不留痕迹 Leaving no trace
09 全身心参与 Participation
10 直观体验 Immediacy

  火人节并不只是一个主题公园或一场艺术活动，火人节全然是一座城市。它始于 1986 年，最开始是拉里·哈维、杰里·詹姆斯和几个朋友在旧金山海滩上举行的一个小小的仪式，只是单纯地烧掉了一个 2.7 米高的木头人以及一个木头小狗，并没有什么特别的理由。连续进行了几年后，1990 年时活动被警方以无许可证为由中断，于是他们移往内华达州的黑石沙漠举办。

  黑岩城，是火人节参与者创造出来的临时城市。起初这不过是朋友集会的一个由头，是由一群关系紧密的湾区艺术家和文化叛逆分子发起的嘲讽社会的戏谑之举。但后来它开始扩张，一座真正的城市从兴起、发展、壮大到起火、消失，将丰富而带有隐喻的共鸣寄予这片虚无。整座城市要么在生长，要么在消逝，形成一片不断变化的惊人视觉全景。

  在黑岩城也是要劳动的，而且还相当辛苦。造城活动几乎全数由志愿者和参与者义务参与，仰赖于人们无私奉献的时间和精力。人们搭起临时的雕塑，建设临时社区，从城市基础设施到艺术装置一应俱全。现在，黑岩城变成了一座充分运转的城市，这座临时搭建的城市包含一支当地警察队、一家主流日报和一家小报周刊、十几个广播站、一家电力网和一段 60 公里长的公路。

重生的城市：18个城和它们的轮
The Remarkable Rebirth of 18 Cities

参与者在为城市做贡献的过程中，催生了一种难以言喻的相互依赖。在一片不毛之地生存是艰难的。这里没有"旁观者"，极端自给自足，除了咖啡和冰块什么也不卖，你必须自带在严酷环境下生存所需的全部装备，包括食物、水和帐篷。黑岩城鼓励大家发挥自身的创造力，让它作为一件礼物，在这座城市里沸腾。你鲜活地存在着，享受世界提供给你的一切，也献出你能给世界提供的一切。

美国劳动节前的周六夜晚是仪式的高潮，一个十几米高、装饰着可爱霓虹灯的"火人"将被烧成灰烬。许多艺术装置也被烧毁，它们变形、毁灭、重置，为新生制造空间。

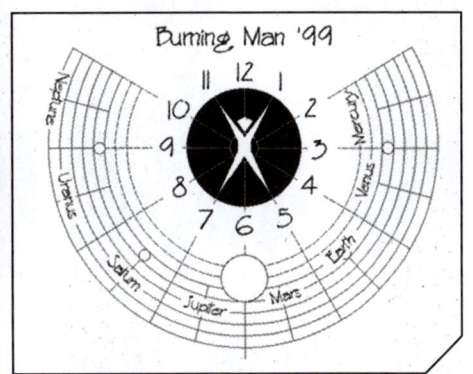

图7: 黑岩城

从空中鸟瞰，黑岩城形如一个巨大的车轮，8个区域（以太阳系内的行星命名）分布在中轴线两侧，每个区域进一步被划分为12个单元，区域尽头和中央是开阔的空地，中心是火人。这种形制是在1999年开始采用的，创办人称之为"时间之轮"。

除了包含时间的隐喻，这个形制其实也是一套有效的地址系统。借助"时钟"的分秒，就可以大致定位了，例如"5：24 火星"。图片来源：floor / Wikimedia Commons CC BY-SA 2.0、Burning Man 官方网站

火人节始于对共同创造的渴望，它自发而偶然。黑岩城所提供的，正是我们在日常生活中有所缺乏的。在这里，人们尽全力为所有人的欢愉提供娱乐和奇景，这使得火人节充满了生活的真谛——爱、自由选择、创造

专题 · Feature

性工作、派对、犯傻……，在这里，社会的标准被翻转和搁置。没有人筹划，也没有人为它买单。它是一场对自由的繁盛需求，参与者包括技术宅、机械艺术家、嬉皮士、易怒的朋克、互联网百万富翁、地下叛逆分子、郊区父母、学者、马戏团怪胎、图书编辑和甩火圈的人。每年夏末，不计其数的作品、能量和金钱在沙漠盆地中激烈地化为灰烬——仅仅是为了黑岩城居民的爱、愉悦和欢乐。

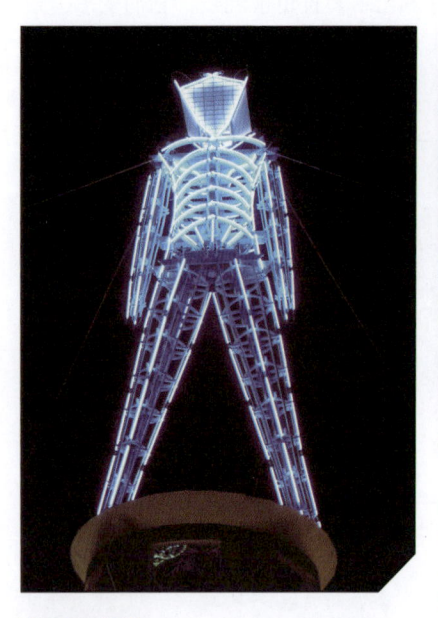

🕒 图 8: 火人

燃烧仪式的主角被称为"the Man"。他一定是个男人吗？火人的意义是什么？其中有男性意味吗？火人节的创始人拉里·哈维在恒今基金会的一次演讲里回答："我要请你们看看它的形象。它的肩不是很宽，臀部也不窄，它没有任何性器官——我大概是给自己挖了个坑。所以它既不是男人也不是女人，它就是一个生物，你们这么理解就行。"图片来源：Keith Pomakis / Wikimedia Commons CC BY-SA 2.5

🕒 图 9: 艺术表达

向官方提交申请后，就可以在沙漠中自由地创作装置艺术。装置艺术和主题营地是火人节最重要的角色。白天在沙尘与烈日中体验音乐、表演和流动戏剧之后，晚上布满 LED 灯条的主题营地就变成了派对的场所。这是 2013 年火人节的装置之一"教堂陷阱"。图片来源：Dan Rademacher / Wikimedia Commons CC BY 2.0

04
石卷市："8号"造纸机和 Mangattan 博物馆的重生之力

许多人对"3·11"日本地震的记忆是关于福岛核电站的，核事故的失控感跨越地域阻隔，让全人类坐立难安。然而这一天，离震中最近的地方是毗邻仙台的石卷市。地震引发了巨大海啸，把这座丰饶的临海渔港吞入地狱。与此同时，日本出版业也因为这个小城的瘫痪而遭受重创。

日本制纸石卷工厂坐落在石卷湾西北侧，占地面积一平方公里，相当于140个标准足球场。抄造纸张需要丰富、优质的水资源和森林木材，石卷刚好都能满足。日本的出版用纸中，四成由日本制纸工厂提供，石卷工厂是它的骨干工厂。灾难降临时石卷工厂中的待发货物有8.6万吨。所幸工厂撤离及时，1306名员工都幸存下来。

海啸发生以后，许多住房的二层直接被冲进工厂，车子嵌在厂房上，圆木穿破铁质卷帘门，纸浆中满是泥垢，厂区内发现了41具市民遗体。食物短缺、气候寒冷、水电不通、交通阻塞，直到2011年4月初，供水才逐渐恢复。水温回升以后，因为渔港周围的冷库坏了，所以变质腐败的鱼类散发着恶臭。

好在这时各地的支援物资逐渐抵达。除日常补给外，集英社把《海贼王》寄给了孩子们，小学馆把《哆啦A梦》也寄给了孩子们。在石卷，漫画有着特殊的深意。石卷工厂的8号造纸机从1970年开始运转，每日产量约300吨，主要生产单行本用纸、文库用纸和漫画用纸，《海贼王》《火影忍者》用的纸张就来自8号机。"8号机停下的时候，就是这个国家的出版业倒下的时候。"漫画产业在等待8号机复活。

在恶劣的环境中人们首先要获得信念。2011年4月25日，大家在工厂烟囱上挂上了鲤鱼旗，期盼唤醒8号机的灵魂。经过近半年的不懈努力，2011年9月17日，8号机奇迹般地重启了。又过了一年，日本制纸石卷工厂完成了全面复兴。

专题·Feature

图 10: 灾后街道

2011 年 3 月末的石卷街道，海啸破坏了房屋，积水仍未退去。据统计，石卷灾前人口 162822 人，在"3·11"地震中亡故 351 人，失踪 447 人，是全日本伤亡人数最多的城市。图片来源：ChiefHira / Wikimedia Commons CC BY-SA 3.0

　　石卷与漫画的另一个连结是石森万画馆。1995 年，在泡沫经济崩溃的阴影下，阪神大地震和东京地铁沙林事件相继发生，全日本都深陷恐惧与绝望之中。彼时的石卷市中心，空荡的街道上商店门窗紧闭。就在那年夏天，"漫画之王"石森章太郎与石卷市长见面，计划在石卷的中风岛上建一座太空飞船形状的漫画博物馆，以漫画的力量复兴城市。2001 年 7 月，石森万画馆开幕。接下来的十年，石卷街道上的"人造人009"和"小露宝"把观光客引向飞船，万画馆迎客超过了 200 万人次。直到 2011 年 3 月 11 日的那个雪天下午，6.5 米高的海浪猛然撞向飞船，彻底冲毁了万画馆一层。

　　2012 年 11 月 17 日，损失惨重的石森万画馆也完成修缮，重新开放了。灾后，石卷市设立了复兴情报交流馆，记录灾难发生时的航拍图、街区惨况等资料。自 2017 年起，石卷市牡鹿地区开始举办重生艺术节（Reborn-Art Festival）。主办方希望借此"创造重新探索该地区潜力的机会，为生活和工作于此处的人打造长期可持续的未来"。这与当年石森的初衷是一致的：

　　"我想要在这里展出我自己的作品，也希望其他漫画家能一起来这里办展览和活动。那样的话，这座博物馆就永远不会'竣工'，永远不停进步。但最重要的是，我希望她成为向孩子们和全世界推荐日本文化的地方（我想说明这里不局限于漫画），这里应该培养人才，并且提供终身学习的机会。"

图 11: 石森章太郎的 Mangattan

石森觉得地图上看石卷的中风岛就像纽约曼哈顿——20 世纪世界经济的中心。他把石森万画馆的英文名写作 Ishinomaki Mangattan Museum（Mangattan 是曼哈顿的谐音），意指希望在未来，这里不仅是令人兴奋的游乐园，更能成为漫画和各种文化的中心。图片来源: Daisuke FUJII / Wikimedia Commons CC BY 2.0

图 12: 石卷中风岛

地震后一个月左右的石卷中风岛，图中左边的白色建筑物是石森万画馆。在石森章太郎的设计中，万画馆是一艘从漫画星球驶来的太空船。图片来源: Christopher Johnson / Wikimedia Commons CC BY-SA 2.0

图 13: Mangattan 专列

从 2003 年 3 月 22 日开始运行，每周日发车，往返于仙台站和石卷站之间。2011 年地震摧毁了列车轨道，2015 年 5 月 30 日恢复通行。图片来源: Kauhoshi / Wikimedia Commons CC BY 3.0

05
伊斯坦布尔：记录身份的更迭

有些城市用多重身份来审视自身的历史。伊斯坦布尔过去被称为君士坦丁堡，再之前叫作拜占庭，曾是三大帝国的首都。希腊、罗马、拜占庭和奥斯曼文明造就了它，这些文化残存的碎片塑造了今日的伊斯坦布尔。

一座城市身份更迭，它所拥有的名字也随之变化。1923年土耳其"国父"穆斯塔法·凯末尔·阿塔图尔克领导建立土耳其共和国的时候，世界上其他大部分地方还把这座城市叫作"君士坦丁堡"。凯末尔坚持把这里称为"伊斯坦布尔"，直到1929年，土耳其邮局宣布不再寄送任何寄往"君士坦丁堡"的邮件，伊斯坦布尔才成为国际上的正式名称。

凯末尔决心将土耳其重新定义为一个世俗国家，他委托法国建筑规划师亨利·普罗斯特将伊斯坦布尔改造成西方化的现代城市。普罗斯特开始着手保护罗马和拜占庭时代的纪念建筑，同时清除了它们周围所有的奥斯曼帝国产物，以便修建新的道路，创造公共空间。他相信自己为"过去"安排了更理想的环境。

建于1933年至1940年的加济公园，是普罗斯特在此地最主要的创作之一。为给公园让路，普罗斯特拆掉了一个1806年按东方主义风格建造的奥斯曼炮兵营。而今天，2014年上任的总统埃尔多安，则渴望将凯末尔竭力要拆尽铲平的那个伊斯坦布尔复原。

这是一场争夺土耳其身份的代理战争。在城里的一些地方，奉行凯末尔主义的行政部门仍在墙上装点"现代土耳其之父"的肖像；在伊斯兰主义的区域，街巷则重新冠上奥斯曼帝国将军的姓名。这个国家大力投资基础设施、地铁和高速铁路的建设，似乎暗示"国父"的现代化任务仍在继续；但与此同时，在塔克西姆广场，埃尔多安坚持要重现老兵营，虽然它这次现身的样子，预计是一座形如奥斯曼帝国军营的购物中心。

始建于4世纪的圣索菲亚大教堂，一直是东正教至高无上的建筑。

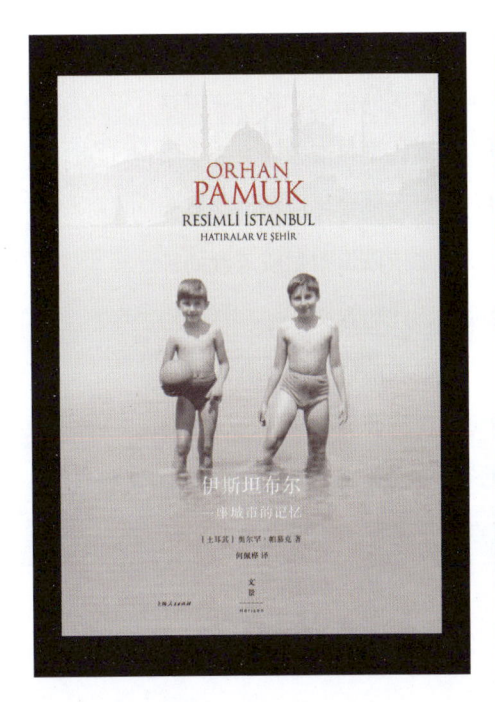

ⓘ 图14:《伊斯坦布尔：一座城市的记忆》

"福楼拜在我出生前一百零二年造访伊斯坦布尔，对熙熙攘攘的街头上演的人生百态感触良多。他在一封信中预言她在一个世纪内将成为世界之都，事实却相反：奥斯曼帝国瓦解后，世界几乎遗忘了伊斯坦布尔的存在。我出生的城市在她2000年的历史中从不曾如此贫穷、破败、孤立。她对我而言一直是个废墟之城，充满帝国斜阳的忧伤。我的一生不是对抗这种忧伤，就是（与每个伊斯坦布尔人一样）让她成为自己的忧伤。"

这本书既是一部个人的历史，也是这座城市的忧伤。奥尔罕·帕慕克发掘旧地往事，拼贴出当代伊斯坦布尔的城市生活。跟随他的成长记忆，我们可以目睹他失落的美好时光，认识传统和现代并存的城市历史，感受土耳其文明的感伤。

ⓘ 图15: 阿塔图尔克文化中心

伊斯坦布尔文化中心以阿塔图尔克命名（Atatürk Kültür Merkezi, AKM），它建成于1969年，不过建成后第二年就因一场大火而关闭，直到1978年才重新对公众开放。图为重新开放时的阿塔图尔克文化中心正面及内部。

阿塔图尔克文化中心是土耳其的重要现代地标之一，也具有引发争议的政治意义。埃尔多安想拆除它，重建为歌剧院、电影院、艺术博物馆等建筑群；世俗主义者则将它视为国家认同的象征。文化中心紧邻塔克西姆广场，面向加济公园，在加济公园抗议活动期间，这里成了防暴警察的临时基地。2018年，在文化中心关闭十年之后，拆除重建工作启动了。图片来源：SALTOnline / Flicker Commons

专题·Feature

500多年前，奥斯曼人征服这座城市，将它变成了清真寺，许多基督教镶嵌画被泥灰覆盖，教堂圆顶上竖起的尖塔、阿拉伯语的铭文，都标志着这种转变。在20世纪30年代凯末尔现代化建设的高峰期，清真寺失去了宗教意义，变成了博物馆。过去十年来，伊斯兰主义者要求将博物馆恢复为清真寺的呼声日盛。这些接连不断的变化，反映了伊斯坦布尔所承载的种种互不相让的意义，那些有人不惜屠戮也要强加于此的意义。

这就是伊斯坦布尔——它在当代的意义不断被政治目的修改着，操纵着，也塑造着人们的记忆。用于定义身份的纪念建筑被拆除又重建，这恰恰反映了身份认同发生冲突的过程。地标建筑从象征意义上为城市赋予了个性和身份，它们不仅是地理上的固定参照点，更是城市历史真切的记录者，定义了一座城市的情感生活。

06
西安城墙：一个特殊的记忆现场

20世纪50年代中期的西安街头，流行着一句口号："拆除封建王朝的陈墙旧砖，叠起一个新社会新城市。"老城墙作为旧社会的象征被推到了历史前台。和它的兄弟城墙——北京和南京城墙——确定的命运不同，西安城墙一直在"拆或不拆"的摇摆中，屹立了近30年。

这其中是有一些幸运的。北京和南京的城墙是都城城墙，西安只是"下天子一等"的王城，因此获得了卑微的掩护。新中国成立后，拆除派和保护派的争论从未停止，在以"扩大城市规模和大力发展交通"为目的果断拆除北京城墙之后，政府和民间的保护之声反而高涨，西安又逃过一劫。最后能够成功突围，还要感谢当时在预算方面捉襟见肘的陕西省政府。虽然有些讽刺，但相比有组织的大型拆除机械，市民们偷砖挖土对合围14公里的城墙来说，只是小动作罢了。

重生的城市：18 个城和它们的轮
The Remarkable Rebirth of 18 Cities

◯ 图 16: 永宁门全景

永宁门是西安城墙的正南门，是城门体系中规模最大的。以明代"门三重楼三重"的形制修建，即"城楼—闸楼—箭楼"。闸楼在民国初年被拆除，1990 年依照原型照片完成复建。复建过程中，将闸楼原有的悬山顶改为了歇山顶。箭楼毁于 1926 年的战火，2013 年依照北门箭楼开始复建。最初曾考虑采用原材料、原工艺进行"重建"，但由于担心土木结构的巨大承重会影响城墙安全，最终国家文物局批准了轻钢结构的方案。2014 年，永宁门古代城防文物保护展示体系正式完成修复。图片来源：图虫创意

从 20 世纪 80 年代起，政府主持的修复工作正式拉开序幕，但这全然不是单纯地修复"城墙"。梁思成的学生韩骥、张锦秋夫妇提出了"环城工程"方案——将文物保护和城市、交通、居住环境、市民生活的发展并行推进。对于西安这座历史余晖已然散去的古城来说，留存"旧"的荣光似乎也是体面地站在新时代门槛前的必要条件。但新与旧本就是矛盾。重建的纷杂景象，用美术史家巫鸿的话来说就是"一个特殊的记忆现场（memory site）"。

在初期恢复城墙完整性的同时，现代化的环城林和环城公园建设也展开了。在修复城楼的过程中，发现了唐皇城遗址，因此进入嵌套式的发掘修复保护工程中。2004 年城墙最终合拢，连接的是民国时期留下的豁口。历史最为悠久的永宁门，在修复箭楼时，由国家文物局批复，使用轻钢材料进行可逆性、展示性修复。书院门仿古街区、古城灯会、护城河水上游览区、南门历史街区，这些新文化景观又将现代光晕植入其中。这一切累加构成了我们所知的现存规模最大的、保存最完整的西安城墙。

专题 · Feature

◷ 图 17: 西安城墙修复使用的 1984 年户县石砖

北京明城墙遗址公园中城墙的修复材料来源广泛。工程指挥部动员市民在北京各处搜集老城砖，山西与河北等省被毁城墙的砖头也被运来，共建这段遗迹。尽管老砖甚至铭文砖增加了历史厚度，但实际上并不符合科学重建的理念。"重建"就意味着当下的介入。遗失的、毁坏的、不可考的，都要以一种新的视角来考量。一块 1984 年的砖在 1990 年来看，是年轻的。但时间翻过 500 年、1000 年，这块砖所承载的就是我们留给后世、未来的遗产了。图片来源：图虫创意

40 多年来的不断修复所带来的必然问题是，对城墙存真度的讨论。如果我们把"真"定义在 1378 年西安府城垣竣工，那么当今的城墙不真。但它历经 600 多年的光阴，每一块城砖都刻录着历史，层层叠加、销毁又重构，向外传递出不同时代的声音。它的价值在于，它"包含着不同层次的人类经验……把不同类型的记忆和回声融汇进一个永恒的现在"，巫鸿在《废墟的故事》中这样描述泰山，也同样适用于西安城墙。

经历了明清的建城、地震、扩建，民国的战乱、修城、轰炸，以及新中国成立后的拆除、保护、最终修复，西安城墙不再是"某一时刻的纪念碑"，而是"在时间的进程中获得自己的纪念碑性（monumentality）。

这个建构过程经过了很多个世纪的苦心经营，并将继续绵延不息。也正是因为这样，它成了历史本体的一个绝佳象征"。

如此理解之下，络绎往来的宾客、修旧如旧的街坊、古玩钱币字画、碑林城垛墙根、灯笼霓虹、到此一游，都是这个过程中的一抹记忆和回声、一种表达。[end]

参考资料：

《庞贝：一座罗马城市的生与死》
[英]玛丽·比尔德著，熊宸 / 王晨译，后浪 / 民主与建设出版社，2019 年 10 月

《特拉维夫百年建城史》
[法]凯瑟琳·维尔-罗尚著，王骏等译，同济大学出版社，2014 年 5 月

《这就是火人节：新美国地下文化的崛起》(This is Burning Man: The Rise of a New American Underground)
[美]布莱恩·多尔蒂（Brian Doherty）

石卷万画馆官网
https://www.mangattan.jp/manga/en/about/

《以纸为桥》
[日]佐佐凉子著，姚佳意译，读库 / 新星出版社，2020 年 5 月

《城市的语言》
[英]迪耶·萨迪奇著，张孝铎译，东方出版社，2020 年 5 月

《佩拉宫的午夜：现代伊斯坦布尔的诞生》
[美]查尔斯·金著，宋非译，社会科学文献出版社，2018 年 3 月

《伊斯坦布尔：一座城市的记忆》
[土耳其]奥尔罕·帕慕克著，何佩桦译，世纪文景 / 上海人民出版社，2018 年 4 月

《城纪：西安城墙南门区域综合提升改造纪实》
西安城墙景区管理委员会著，西安出版社，2016 年 1 月

《废墟的故事：中国美术和视觉文化中的"在场"与"缺席"》
[美]巫鸿著，肖铁译，世纪文景 / 上海人民出版社，2017 年 7 月

专题 · Feature

07 广岛

1945年夏天之前，广岛是工业港口和军事要塞，日本防卫本土的第二总军司令部就驻扎于此。此后，是原爆遗址、纪念公园、慰灵碑，是和平都市。

08 关税同盟煤矿

鲁尔区最重要的煤矿基地。20世纪90年代改造之后，包豪斯风格的厂房得到保留，红点博物馆和鲁尔区博物馆先后进驻。2001年，它被收录进联合国教科文组织世界遗产名录。

09 底特律

底特律曾经是20世纪汽车工业的中心。随着汽车工业的衰败，密歇根大剧院也停止运营，被改造成了停车场。该剧院是在亨利·福特最初车间的位置上建造的，现在，驾驶员可以把车停在文艺复兴风格的礼堂里。

10 班加罗尔

班加罗尔被称为"印度硅谷"，摆脱英国殖民统治后积极参与全球化，加上国家扶持和适时而来的互联网创业浪潮，让它成了复制硅谷的典型成功案例。

11 金阁寺

躲过了5个世纪的战乱却没有躲过僧人手中的火把。1950年付之一炬后，金阁寺成就了三岛由纪夫死与颓废的创作美学，也让重建的舍利殿外的金箔更加耀眼。

12 伦敦

维多利亚时代的伦敦人口急剧膨胀，从1834年到1854年，饮用水污染导致的霍乱三度暴发，4万多人丧生；终于促使伦敦翻新全城的排水系统，成为世界上第一个有完善下水道排污系统的城市。这套深埋地下的"消化系统"，终于让伦敦恢复了健康。

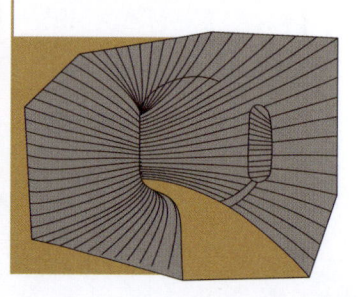

重生的城市：18 个城和它们的轮
The Remarkable Rebirth of 18 Cities

13 莫斯科

除了克里姆林宫，莫斯科最有影响力的城市景观非救世主大教堂莫属。为了给苏维埃宫腾出修建空间，这座纪念俄国战胜拿破仑的教堂被炸毁。赫鲁晓夫结束了斯大林主义，又将苏维埃宫改成了巨大的露天游泳池。苏联解体后，俄罗斯又重建了被拆毁的救世主大教堂。

14 贵屿

中国最大的电子废弃物集散地，也是"电子垃圾之都"。从 2010 年开始，以家庭作坊为主的拆解、烧板、酸洗等回收流程被整改，"循环经济小镇"从重重污染中浮现出来。是陈楸帆代表作《荒潮》中"硅屿"的原型。

15 汶川

建筑师刘家琨于汶川地震后提出"再生砖计划"——用废墟材料作为骨料，搀和切断的秸秆作纤维，加入水泥等做成轻质砌块，用作灾区重建材料。也寓意灾后的精神和情感"再生"。韩松以此为灵感创作了科幻小说《再生砖》。

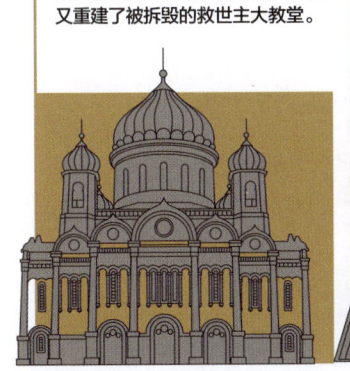

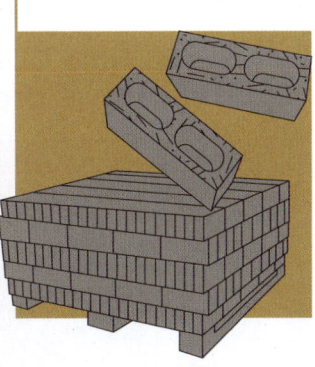

16 第三新东京市

"第二次冲击"全球崩坏之后建立起来的高度机械化的要塞都市。城市地上有民建大楼、补给单位、武装设施和生活居所，地下是 NERV 总部。上下两部分的建筑可以升降以适应战斗状态。城市在抵御使徒来袭的过程中，不断经历着摧毁与修复。

17 莱博维茨修道院

修道院尊建立者工程师莱博维茨为圣，以保存过去的知识为信条。在 2000 年的"毁灭—复兴—毁灭"的轮回里，一代代的修士抄写着修道院的藏书，等待黑暗的蒙昧时代过去，将古代技术的微弱火花保留给后人。

18 努门诺尔

努门诺尔岛沉没之后，王室后裔埃兰迪尔和他的两个儿子伊熙尔杜、阿纳瑞安航行向东来到中土世界。第二纪元末，他们在南北两地建立了刚铎和阿诺尔王国。经历了"最后的联盟之战"和"魔戒之战"后，第四纪元重联王国建立，努门诺尔和西方人类荣耀回归。

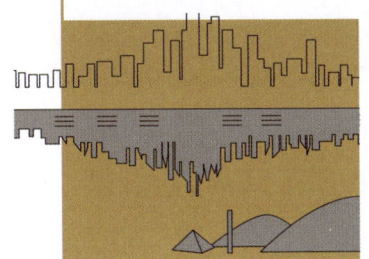

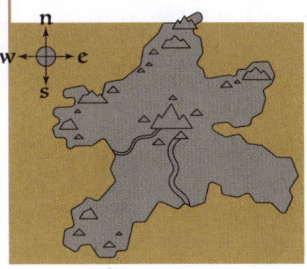

专题 · Feature

重启试试 | 废墟中的人类世界新生

向松茸学习生存之道

The Mushroom at
the End of the World

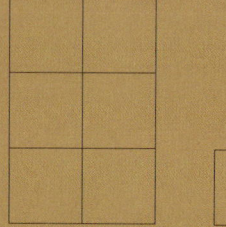

12'

04

written by 张晓佳

上海外国语大学跨文化研究中心副研究员，想做一个土著却只能从翻译里实现梦想的摇椅派。

人类的干扰往往带来开放式的结局，无关伦理，只关乎生存还是灭亡。

据说遭受原子弹袭击后，一片狼藉的广岛地区最先出现的物种是松茸。战后满目疮痍的广岛，大概是最符合末日想象的画面，而松茸的出现，着实鼓舞人心。那么究竟是什么样的力量，能让如此微不足道的物种首先冲破废墟，顽强生长呢？如果我们发挥想象力去看待这个现象，探寻在残破不堪的景观中存活下来的松茸的经历，我们将有能力在已成为我们集体家园的废墟上探索一线生机。

让我们回到 1989 年。美国俄勒冈州，东部喀斯科特山脉的林地曾经是木材供应的中心，现在却变成了被砍伐殆尽的森林，以前的工业小镇如今杂草丛生。在一片荒废的景观中，工业化的希望破灭之后，野生蘑菇贸易的产业却兴盛起来。俄勒冈州的国家森林由美国林务局管理，目的是保护作为国家资源的森林。这片景观几百年来深受伐木和火灾的困扰。但就在这样深受人类重创的环境中，出现了让来自世界各地的采摘者趋之若鹜的"白色黄金"——松茸。20 世纪 80 年代，美国林务局主要的森林治理政策是排除火情，因此西黄松失去了生存的条件，冷杉和扭叶松却随之繁荣起来。俄勒冈州的国家森林里的这些树木都是因为人类的干扰才能欣然生长的。令人惊讶的是，在各个物种相互影响的过程中，新的价值出现了：松茸长势甚好，特别是在成熟的扭叶松下，而扭叶松则由于人类砍伐和防火工作的治理干扰，越发欣欣向荣。因此，俄勒冈州的松茸是最近的历史产物，是物种相互间交染的果实。不同物种发生关联，聚集在一起产生新的更大的组合，就是"交染"（contamination）。交染的多样性改变了世界，新生活、新方向就会有出现的可能性。

专题·Feature

向松茸学习生存之道
The Mushroom at the End of the World

那么松茸是怎样诞生的？松茸是一种生长在受人类干扰的森林中的野生菌菇，一种与某些特定树木有着联系的地下真菌的子实体，依靠"种间关系"生存。真菌先同细菌合作，消化岩石和朽木，创造出富含适合松茸生长的矿物质的土壤环境，在菌根间传递营养，松茸可以和自己的宿主松树一起互利共生。这种真菌从与宿主树木根部的共生关系中获得碳水化合物，也对宿主树木进行供养。松茸使宿主树木能够在腐殖质匮乏的贫瘠土壤中生存，能帮助森林中的树木对抗险恶的生存环境。反过来，它们也被树木滋养。这种转化性的互利共生关系是人类无法人工种植松茸的原因。松茸需要同森林中充满活力的多样物种保持交染关系才能生存。同时，松茸的生长看似是无心插柳的结果，但也离不开人类的影响，它们的生长环境常常是被人类烧毁破坏的废墟，废墟上生出的杂草球茎，会吸引动物来觅食，人类则可以进行捕猎。人类和动物追随着气味寻找松茸，跨越了整个北半球。气味，是一种特殊形式的化学反应，树木也被松茸的气味所触动，允许它们生长在自己的根部。

松茸因能产生一种可以令人感到快乐的气味，深受日本人的喜爱。日本第一次出现有关松茸的文字记录是在 18 世纪的诗歌中，松茸因其特有的芳香，成为秋天的象征而为人们所赞颂。这种菌菇曾经在奈良和京都一带很常见，因为那里的人们开山采伐以建造寺庙，并为锻炼钢铁提供燃料。松茸出现在日本，就是人为干扰的结果，这是因为它们最常见的宿主是赤松，赤松生长在阳光下和人类采伐后形成的矿物质土壤中。在江户时代（1868 年以前），日本各地大量采伐阔叶林木来扩建寺庙，森林有了更多空间接纳阳光，赤松趁机悄悄蔓延，松茸伴随而生，在蕨类植物中显得相当漂亮。松茸在日本历史上被赋予很高的审美意义和使用价值。贵族们十分推崇松茸，像城市商人这样的

◯ 图 1：日本水彩画，松茸、蓝莓和冬青属植物。图片来源：Science Museum Group / Wikimedia Commons CC BY-SA 4.0

◯ 图 2：《摄津名所图会》中描绘的采松茸场景，绘于 1796—1798 年。图片来源：Wikimedia Commons Public Domain

富裕平民同样喜爱它。蘑菇作为秋天的标记，采摘蘑菇成为四季的庆祝活动之一。在秋天，出游采摘松茸的活动相当于春天的赏樱大会。松茸成为流行的诗歌咏诵题材。

而松茸的消失，同样是因为人类的干扰。20世纪50年代后，日本的林地被改为种植园，燃料也有了新的替代品。城市化发展让很多农民背井离乡，荒废的山野重新布满了阔叶树。松树喜爱阳光，当日本的森林没有了人为干扰而得以重新自由生长时，阔叶树遮蔽了松树，阻止它们进一步生长。松树失去阳光，也失去了生长的空间。松茸开始消失，成为稀有珍品。

人类的干扰往往带来开放式的结局，无关伦理，只关乎生存还是灭亡。

松茸的出现，似乎能带给人类启示。全球环境持续恶化，经济衰退，各类疫情不断威胁着人类生存。面对这样一个千疮百孔的世界生态，是否存在万物共生的可能？人类与非人类物种是否可以和谐共存？地质学家开始将我们的时代称为"人类纪"（Anthropocene），意为人类的干扰超越其他地质力量的新纪元。但这片混乱并非是我们的出现造成的结果，而是现代资本主义的发展对景观和生态造成的长期破坏。自资本主义现代化以来，我们沉迷于进步的思想，将人类和其他物种皆转化为资源，忽视了彼此间协作共存的需要。"人类"（anthropo–）的前缀，让我们过多地关注人类，忽视了零碎的景观、不同物种的生长律动，以及人类与其他物种间的关联，而这些都是我们与万物协作共生的关键。我们能生活在这个由人类创造的系统中并超越它吗？

人类和自然的关系或许并不总是和谐的，但多元物种间的交染，却能给我们指出一个方向。每一种生物都用自己的时间线、生命繁殖模式和占领扩张模式来重塑世界。某一特定的物种内也有其多元的时间计划，有机体彼此协作才能创造出各种景观。松茸的例子告诉我们，不是只有人类才可以创造世界。松树和它们的真菌同伴一起在被人类烧毁的景观中茁壮成长，一起利用明亮的开阔空间和裸露的矿物土壤。人类、松树和松茸同时为自己和对方安排好了生存方式，我们一直生活在多元物种共存的世界。偶然因素出现，促使物种互相帮助、互相利用，意外地创造了世界，也创造了属于它们的幸运。

与松茸有关的一切都体现着"族群性"的特征。松茸采摘者们也像松茸一样是聚集生存的，必须在形成"集合体"（assemblage）的过程中来理解。

那些采摘者一如生长在世界尽头的蘑菇一样，是生活在主流社会秩序边缘的人。他们之中有来自东南亚国家的瑶族、苗族人，历史上他们的生活方式一直随着国家变动而反复变迁，虽然一直过着流散的生活，在山区采摘，他们却找到了自己的族群认同，体味着乡愁。还有一些老挝的战士、白人退伍军人、柬埔寨人，他们通过采摘治愈战争的创伤。一些北美原住民、拉丁裔移民也加入了采摘者行列，他们背景各不相同，却有着共通点——采摘可以带给他们"自由"。这里的"自由"是他们自己在心中定义的，对于每个群体而言都是个体化的感受，与快乐、记忆、乡愁、经历缠绕在一起，折射出宏大的世界发展图景。采摘者不受社会网络的保护，他们为自己工作，他们的劳动和松茸一起被转化成资本化的商品。松茸将采摘者拉入全球贸易体系里，勾连起商品供应链、国际政治、移民、族群等议题。

松茸是采摘者自由行为的果实。

资本主义的资源往往并不是来自资本家的生产创造，比如一朵蘑菇，生于荒野，并不能被大规模种植，只能由采摘者收集，却可以被"转译"（translate）成资本主义价值。这种利用原本就存在于某处的人力或材料，将之转化为资本主义资源的过程，是一种靠"攫取"的方式积累资本的行为。松茸变成商品的过程，揭示出不同于我们以往理解的资本积累方式——虽然资本家并不生产松茸，却能通过攫取的方式完成资本积累。

各个供应链环节的组成都是如同蘑菇的菌根组织一般的集合体。供应链的作用是从非资本主义价值体系中创造出资本主义价值来，从而实现财富积累。

松茸采摘者在保值票市场与买手、现场代理商就价格共同协商，保障自己的松茸可以卖给当天出价最高的人。保值票，是买手给采摘者的一种保障，如果松茸的价格在当天晚上出现波动，采摘者可以回去找买手重新议价，这种方法可以让采摘者放心地重新投入到采摘工作中，带回更多的果实参与交易。尽管参与者有着不同的经历，但将他们团结在一起的是他们称为自由的精神，松茸是采摘者在政治上和森林中获得的自由的战利品，在保值票市场自由地交换，从而获得更多的自由，再次返回森林中去。保值票市场的氛围是自由的，是一种双赢的局面。之后，松茸再经过散货船商、出口商、进口商等中间商环节，运往日本及世界各地，成为全球性的商品。事物原有的属性被剥离，成为交换的对象，随着流动被转化为可以交易的商品。

日本进口松茸后，会依照日本的标准重新分拣加工，使之变成资本市场的库存，作为商品创造资本。此刻处于供应链终端的分拣工对松茸是怎么来的这个问题毫无兴趣，松茸曾被赋予的自由意义早已烟消云散，松茸只是被精致地包装，存放在冷库，成为商品。

不过，在日本，松茸不仅仅是商品，还具有礼物的意义，肩负着建立人脉的重要作用。人们从商店购买松茸当作礼物。过去，礼物直接从劳动方手中赠给接受方，用来维护关系；现在，礼物从资本主义的商品链中回收得来。松茸从商品回归礼物，这种关系，超越了松茸本身的使用范畴和作为商品交换的价值。从北美的森林到日本的精品店，完成了这段旅程的松茸，此刻兼具了商品与礼物两种属性。二者的关系，亦是相互关联的。在转译中，人们改造景观的过程产生了资本主义经济的废墟。

◯ 图3：秋季是售卖松茸的季节。图片来源：Kiwi He / Wikimedia Commons CC BY-SA 2.0

向松茸学习生存之道
The Mushroom at the End of the World

专题·Feature

◐ 图4：松茸是采摘者自由行为的果实。图片来源：kanonn / Flicker CC BY-ND 2.0

　　今日的全球景观中充斥着被资本主义生产破坏的满目疮痍，但在这些碎片化的、无人关注的区块中却会令人惊喜地萌发出新的多元文化生命。

　　面对不稳定的状态，在废墟中寻找生存之机是我们唯一的选择。作为物种，人类、植物、真菌、微生物、动物等共同为自己和彼此安排好了合作共生（becoming-with）的关系。世界是由多元物种合作共存而创造的，不一定是有心设计的，也不一定和谐，但却往往起到意料之外的功效。这种模式并不是我们以往所熟知的社会达尔文主义强调的"物竞天择"的进步思想。任何物种都不能只靠个体努力实现生存的诉求，也不是要你死我活，靠优胜劣汰前进。在资本主义现代化生产所统治的世界中，松茸代表了一种不受规模化生产约束的不确定性因素，同规模化生产的单线性发展特点是背道而驰的。这或许意味着，拯救废墟、创造多样化的世界可以寄期望于这些不可规模化的事物。

生长在日本的松茸，只能依附松树；而生长在中国云南的松茸，却可以和橡树共生。在中国云南，松茸引发了农林私有化的问题，需要社会各个角色的参与才能解决。在芬兰，工业化的森林是开放的，树木创造了历史。虽然各个地方对森林的治理理念和实践各不相同，但林业管理都和当地的历史与社会有关。它们的共同之处，是这些景观的产生都是出于人类的干扰。

与松茸有关的知识涵盖了各个区块，虽然可能彼此之间有隔阂，但不妨碍它们形成一种世界主义的科学。所有的科学知识都是在长期转译过程中，在人类与非人类物种之间形成的跨界存在，并在共同活动中作为集合体出现。在一个被资本主义发展破坏的世界里，我们或许可以通过和周围的非人类物种合作来寻找生存的希望。全球疫情和经济衰退进一步恶化了个体境遇，曾经人们相信的个体的进步叙事已经不再可靠。面对不稳定带来的焦虑感，我们能做什么，又该怎样做？

松茸虽然微小，却可带来慰藉。[end]

参考资料：

《末日松茸》
罗安清著，张晓佳译，薄荷实验 / 华东师范大学出版社，2020 年 7 月

专题 · Feature

重启试试 | 艺术和流行文化中的重建

红丝带与糖果堆：
美国艺术幻灭与激荡的年代

Let the Record Show

⏱ 18'

05

written by **宿颖**

毕业于纽约大学，自由作者、译者。

红丝带与糖果堆：美国艺术幻灭与激荡的年代
Let the Record Show

> 他们是那个时代的殉道者。他们在生命废墟上的精神重建，重塑了美国当代艺术，也深刻影响了20世纪80年代至今的全球社会文化思潮。

20世纪80年代初期，在美国开始有男同性恋者诡异地相继死亡，那时人们还不知道艾滋病或者HIV（人类免疫缺陷病毒）的存在，只简单粗暴地冠名以"gay cancer"（男同性恋癌症）。刚开始的几年，艾滋病被认为只在男同性恋者之间传播。未知疾病带来的恐慌加剧了全社会的"恐同"情绪，人们对于潜伏在身边的大危机避而不谈，因而错过了控制病毒传播的最佳时机。

当时，媒体不愿报道，政府不予拨款，相关机构之间忙着权力斗争，科学家为发表论文而不公开数据，公共浴室不停业，血库不对供血者进行筛查，男同性恋组织领袖为社群形象故意淡化疫情的严重性，同性恋群体本身对疾病不理解、在性方面做法激进……直到死亡人数超过万人，人们才开始正视这一世纪医疗危机。

艺术界是艾滋病的重灾区，这场世纪医疗危机摧毁了一个社群，同时也激活了一场20世纪最高效的、由艺术家主导的政治运动，并在某种程度上重塑了美国的当代艺术。当时大批艺术家都因此病去世，他们在看着朋友、爱人相继离去、等待着自己的死亡来临的最后时光里，争分夺秒地用各自的艺术语言发声、记录、抵抗、哀悼这场事件，重新诠释了那个时代的毁灭性和人的尊严在其中的位置。

语言之上的行动

大卫·沃纳洛威茨（David Wojnarowicz）是活跃在20世纪80年代最为激进和最具争议的艺术家之一，他奉上自己的身体作为武器，用摄影、

◐ 图1: 大卫·沃纳洛威茨自画像，1983—1984 © Ron Amstutz / Whitney Museum of American Art

绘画、拼贴画、雕塑、电影、写作等各种媒介，来对抗"恐同"的政府、失去真正信仰的教会和根植在社会最深处的冷漠。他曾写道，他生活在这样一群人当中，如果他们所见并不直接威胁到自己，他们就不会吭声。如果你见过沃纳洛威茨那幅双唇被针线缝住的肖像照片，你就永远不会忘记。口被封住，鲜血还在流淌，而他却透过紧盯你的双眼发出了最激烈的呐喊。那是你看上一眼就立刻想要回避的严肃和犀利。

有一天这个孩子会变大。……有一天，这个孩子会感到不安。……有一天，这个孩子会做某件事，使那些身穿牧师和拉比制服的人、那些居住在石砌建筑中的人呼吁其死亡。有朝一日，政客们将针对这个孩子颁布法律。……他将失去住房、公民权利、工作和所有可能的自由。这一切将在一两年内发生，当他发现他希望将自己裸露的身体放在另一个男孩裸露的身体上的时候。

《有一天，这个孩子》是沃纳洛威茨确诊了艾滋病后创作的一幅黑白自画像。整幅作品的构成非常简单：还是小男孩的艺术家本人的形象被一段文字围绕。男孩表情天真而乖巧，围绕他的文字预示着男孩作为一名"酷儿"的命运，而实际上，这就是沃纳洛威茨即将过完的一生。当你读了这段文字后再回看男孩的笑脸，只觉得毛骨悚然。

这段文字没有提及艾滋病，但当你知道了它的创作时间（1990年），会不住地想到一个问题：成千上万人染病而死，到底谁才是真凶？当时，有教会领袖反对纽约市的学校进行关于艾滋病和性安全的教育，把避孕套视为一种罪；还有极端右翼政客提议处决同性恋来解决艾滋病的问题。在生死面前，人们还在进行着这些习俗、规范、观念、权力之争，这是沃纳洛威茨所提出的"the pre-invented world"（前虚构世界）的例证。沃纳洛威茨的传记作家辛西娅·卡尔（Cynthia Carr）把"the pre-invented world"概括为"错误的历史、错误的信仰、政府控制"。通过这一概念,沃纳洛威茨控诉着一切,从红绿灯和围栏到"语言的世界"——那一整套用来惩戒与众不同、熄灭人类生命火花的行为与社会规范。

时至今日,沃纳洛威茨的控诉似乎依然有效,人们依旧在筑建着囚禁自己的牢笼。在他死后将近20年后,2010年他的电影《我腹中之火》(*A Fire in My Belly*, 1987) 在华盛顿国立肖像馆播放,招致美国天主教联盟和议会议员的不满,一个镜头最终被移除。在那个镜头里,耶稣受难像倒在地上,蚂蚁在上面乱爬,一片末日废墟景象。蚂蚁是沃纳洛威茨常用的意象,用来象征人性,因为蚂蚁是唯一有奴隶和会发动战争的昆虫。沃纳洛威茨用如此有冲击力的画面来探讨生死、苦难、人性和信仰等一系列问题,却被简单地判定为对宗教的亵渎。

这令我想到1962年詹姆斯·鲍德温发表的关于艺术家社会责任的演讲。他说:"诗人(我指的是所有的艺术家)最终是唯一了解关于我们自身真相的人。士兵们不了解,政治家不了解,牧师不了解,工会领导人不了解,只有诗人了解。"沃纳洛威茨承袭了鲍德温在20世纪60年代民权运动中的态度和主张。如鲍德温所说,"艺术在这里证明并帮助人们承受这样一个事实:所有的安全都是错觉。从这个意义上说,所有的艺术家都脱离甚至必然反对任何制度。你无助地见证了一些每个人都知道,但没有人愿意面对的事情。"这是艺术家的责任所在,大卫·沃纳洛威茨也正是这样做的,不断地行动,为里根时代的美国那些被遮蔽的人发声,不断地告诉人们他所发现的真相。

早在艾滋病危机之前,大卫·沃纳洛威茨就已经在传递那些城市边缘人的声音,他

图2:《有一天,这个孩子》*Untitled (One Day This Kid…)*, 1990 © The Estate of David Wojnarowicz and P.P.O.W Gallery

图3: 弗兰克·摩尔1994年的作品《巫师》(Wizard)。一名医生在药品和试管的废墟之中穿行,身后跟着四只实验室的小白鼠。画中燃烧的棺材上写着他死于艾滋病的朋友们的名字,包括大卫·沃纳洛威茨。画框是将真实的药片和药瓶用树脂浇注而成。弗兰克·摩尔于2002年48岁时死于艾滋病。© Frank Moore / Gesso Foundation

红丝带与糖果堆：美国艺术幻灭与激荡的年代
Let the Record Show

75

专题·Feature

的第一本书《水边日记》(*The Waterfront Journals*)，就记录了他在街上遇见的那些流浪汉、瘾君子、商贩、骗子的故事。大卫·沃纳洛威茨从小遭受他酗酒的父亲长期的殴打和虐待，有一次父亲还把他养的宠物兔子做成了晚餐。等到姐弟几人在电话簿里找到母亲的电话号码后，他们搬到了母亲在曼哈顿的公寓。但母亲对孩子们仍旧不管不顾。高中时期的沃纳洛威茨在街上流浪，常常靠做男妓维持生计。在西区码头的街上游荡，被强奸、被毒打是少年时期的沃纳洛威茨逃不掉的事。

或许沃纳洛威茨骨子里本就有这种圣徒特质，将自己献祭出去，换回爱与希望。这让我想到在 1988 年对 FDA（美国食品药品监督管理局）的抗议中沃纳洛威茨穿的那件夹克，上面写着："如果我死于艾滋，不要埋葬我，把我的尸体扔到 FDA 的台阶上。"

法国诗人兰波是沃纳洛威茨的偶像，两人的经历有许多相似之处。在 20 世纪 70 年代，沃纳洛威茨号召朋友们戴上印有兰波头像的面具，走到城市的各个角落，去探索都市的孤独与自由。兰波 18 岁后不再写诗。乔治·斯坦纳曾说这不是对诗歌的背叛，而是已把语言用到了极致后，选择把行动提升到语言之上。"鉴于人类语言的社会习俗化本性，那样一种理想的语言只能是沉默。"20 世纪 80 年代的美国令沃纳洛威茨无法沉默，于是，他也转向了更高贵的语言——行动。唯有爱与行动，才是希望所在。

◯ 图 4："如果我死于艾滋"，大卫·沃纳洛威茨在 1988 年抗议活动中穿的夹克。

◯ 图 5：《阿瑟·兰波在纽约》(*Arthur Rimbaud in New York*)，1978—1979 © The Estate of David Wojnarowicz and P.P.O.W Gallery

你无法摧毁一个并不存在的东西

费利克斯·冈萨雷斯 - 托雷斯（Félix González-Torres），另外一位活跃在 20 世纪 80 年代末 90 年代初的艺术家，出生于古巴，却重新定义了纽

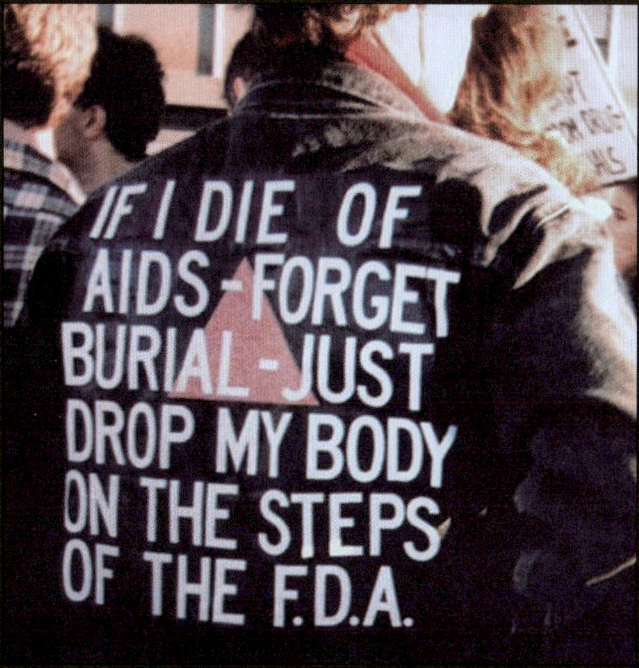
IF I DIE OF
AIDS - FORGET
BURIAL - JUST
DROP MY BODY
ON THE STEPS
OF THE F.D.A.

约的当代艺术图景。冈萨雷斯－托雷斯采取了与沃纳洛威茨几乎相反的创作路径。他拒绝传记，不愿意留下个人照片，他的观念艺术装置取材于日常生活中的物品，始终保持着一种匿名性，且留有永远可被重新解读的空间。他隐晦、简洁的表达充满宁静的诗意，同时又极富政治意涵。

冈萨雷斯－托雷斯创作了一系列关于他的恋人罗斯和他们之间的"爱情"的作品。他把墙角堆满糖果，彩色玻璃纸闪耀着充满节日氛围的快乐光芒，他把这堆 175 磅（罗斯健康时的体重）的糖果命名为《罗斯的肖像》。观者可以随意拿走糖果，随着展览的进行，糖果堆的体积会慢慢减小，象征着罗斯身体的衰败和生命的流逝。我在大都会博物馆看到这件展品的时候选了一块银色的糖果，带回去犹豫了很久要不要打开吃掉。最终我还是想尝一尝艺术的滋味。原来就是普通的水果硬糖，最普通的白色糖块，酸甜口味。这是生命的滋味吗？这是爱的滋味吗？这是吞噬他人身体和性命的滋味吗？

用冈萨雷斯－托雷斯在采访中的原话来说："糖果那件作品的最终形态就是这样，因为糖果最终会被吃掉，然后变成屎从身体里面拉出来——这又是一次终极合作，因为我实际上给这具躯体提供了能量。"博物馆还会酌情补充糖果，试想每天早上糖果堆又恢复到 175 磅，周而复始，它到底代表了生命的永不止息还是荒谬虚无？冈萨雷斯－托雷斯的作品总是用近乎玩笑般轻松的形式来包裹和呈现严肃庄重的内核。

冈萨雷斯－托雷斯还有一件十分有名的作品，叫《完美恋人》。墙上挂着两个一模一样的时钟，指针同步，一分一秒地走下去。总有一刻，它们中间会有一块表走得稍快一点，另一块走得稍慢一点，直到其中一块的电量先耗尽而停止。这就是冈萨雷斯－托雷斯和罗斯当时的处境。

这件作品于 1994 年在华盛顿赫什霍恩博物馆展出的时候，还遇到了一个小风波。当时罗伯特·马普尔索普（Robert Mapplethorpe）在华盛顿的个展刚刚以"不雅"为由被叫停。一位议员在《华盛顿邮报》上指

红丝带与糖果堆：美国艺术幻灭与激荡的年代
Let the Record Show

◷ 图6：《罗斯的肖像》[*Untitled (Portrait of Ross in L.A.)*], 1991, Photographer: Lise Balsby © ARoS Aarhus Kunstmuseum via Félix González-Torres Foundation

专题·Feature

责赫什霍恩博物馆在推动一项左倾的政治议程，还扬言要去冈萨雷斯-托雷斯的展览，一定能找到关停它的理由。冈萨雷斯-托雷斯表示他迫不及待地希望这位议员能亲眼看看两个时钟指针的同步转动。他说这件作品会让议员想到自己和妻子，"如果他能被两个并排一同滴答作响的时钟打动，那么我的爱和他的爱就是平等的"。后来展览顺利举行直到结束，那位议员或许按照他的承诺去看过了展览。

　　冈萨雷斯-托雷斯在创作这些作品的时候，正在失去罗斯，艺术创作的过程对他来说也是让自己学会面对失去、面对死亡的过程。他说："为了减轻我们最深的恐惧，我们会预演这些恐惧。"他希望失去一切，只为了预演那种恐惧、面对那种恐惧，使自己有所领悟。沃纳洛威茨在他的朋友、精神导师彼得·胡贾尔（Peter Hujar）去世时守在他身边，为他拍摄了头、手和脚的三联画。画面宁谧、悲伤，又令人不安。有人说，胡贾尔的脚就是大卫的圣母怜子像（Hujar's feet are David's pieta.）。艺术家们通过创作来让自己思考生死的真义，这个过程自然而然地具有了哲学和宗教的色彩。

私人经验与公共议题之间的联系构成了冈萨雷斯－托雷斯创作的脉络。同沃纳洛威茨一样，冈萨雷斯－托雷斯也关注人们如何被法律法规、语言、符号秩序规定和限制。但与沃纳洛威茨直接献出自己的身体来对抗现存秩序所不同的是，冈萨雷斯－托雷斯总是寻找更隐晦、更间接的媒介来比喻人的身体。一块糖或是一张纸，或许只要不是肉身或者用蜡、用塑料做的假人，在冈萨雷斯－托雷斯那里都可以代表人的身体。他对于我们的身体如何被社会权力秩序定义有着更极致的理解。他认为思考、讨论一具身体，已不需要真的去观看一具身体，"当我们的身体感到衰败，当我们的身体感到愉悦……所有这些问题都与法律或符号秩序息息相关"。我们真正该思考和讨论的是这种定义我们的秩序，具体到当时，就是男权秩序，就是使医疗灾难蔓延的社会危机。

○ 图7：《完美恋人》[Untitled (Perfect Lovers)], 1991, Photographer: Peter Muscato © Andrea Rosen Gallery via Félix González-Torres Foundation

冈萨雷斯－托雷斯的作品不仅在博物馆、画廊里展出，他还把作品搬到了城市的公共空间。他曾有一个展示于纽约24个地点的广告牌的作品，内容是一张未铺好的床，在床上、枕头上，留下了两个人的印记。1986年美国最高法院投票认为同性恋没有隐私权，政府可以进入他们的房间，立法并惩罚他们彼此表达爱的方式。冈萨雷斯－托雷斯索性就把自己的床搬到了万宝路香烟的巨型广告牌上展示。他说，当万宝路实际上可以付钱使用这些公共空间时，它是有多"公共"呢？他把最私密的东西展示出来，那些被法律规定、控制和切割的最亲密的欲望、幻想和故事，只为换取被平等对待的机会。他的作品不是关于对抗，而是关于接纳。

冈萨雷斯 – 托雷斯的每一件作品都是处在"中间"状态的，是不稳定、未完成的，因为他的作品需要观者的参与。摞成长方体的白色纸张、堆成锥体的晶莹糖果，抑或组成一个平面将空间隔开的塑料珠帘，如果它们仅仅摆在那里，就是极简主义的雕塑，回归点线面，为艺术而艺术。然而，冈萨雷斯 – 托雷斯在此基础上继续向前走了一步，他邀请观者拿走纸张、吃掉糖果、穿过珠帘，这是真正民主的作品。冈萨雷斯 – 托雷斯深受本雅明思想的影响。本雅明认为在对艺术品的机械复制时代凋谢的东西就是艺术品的灵韵（Aura），而大众的介入是这个摧毁过程中最重要的一环。在机械复制时代，大众通过接收一件艺术的复制品来占有艺术，同时也克服了其独一无二性。因而艺术的原真性成了一个敏感的概念。既然如此，冈萨雷斯 – 托雷斯干脆自己摧毁艺术品的灵韵，取消自己作品的原真性，直接邀请大众来拿走作品的一部分，从而帮助他最终完成作品。他说："重要的是，作品都并不真的存在，作品都被毁了，因为根本没有原作。"

◉ 图 8：广告牌作品, 1991, Photographer: James Ewing © Princeton University Art Museum via Félix González-Torres Foundation

伴随 20 世纪 80 年代的经济热潮，艺术市场也十分繁荣。冈萨雷斯 – 托雷斯却在这股热潮中反其道而行之。他的作品是对艺术原真性的重新解读，特别是当人们可以随意拿走艺术品的一部分，这样的艺术品还如何售卖？这几乎是对艺术市场和原创销售的威胁。然而，或许正因如此，他成了美国最重要的当代艺术家之一，他的作品的颠覆性和开创性使它们时至今日都有着极大的艺术史价值和时代相关性。 冈萨雷斯 – 托雷斯拒绝做人们所期待的一个男同性恋艺术家该做的一切艺术，他的创作源于艾滋病危机的时代，同时也超越了那个时代。

红丝带与糖果堆：美国艺术幻灭与激荡的年代
Let the Record Show

无关 AIDS，但从不真的无关 AIDS

  1987 年，艺术家团体 Gran Fury 在纽约新博物馆（New Museum）的橱窗上安装了霓虹灯广告牌（粉红三角形和"沉默 = 死亡"的标语）、一张巨型照片、六块纸板和一些混凝土，它改变了艺术史和美国本身。这个装置名为《让记录显示》，意在呼吁人们认识到艾滋病危机的严重性。在历史上，艺术从来没有如此活跃而深入地介入社会生活。Gran Fury 的成员汤姆·卡林（Tom Kalin）说，在他之前的一代人也曾用创作艺术作品来表达身体和同性恋身份，例如安迪·沃霍尔和探索性电影导演德里克·贾曼，但"艾滋病绝对政治化了一代人"。"那是一个不同的纽约，人们走向街头，街上充满了各种各样的信息和图像。"那些公共艺术项目——红丝带项目（Red Ribbon Project）、没有艺术的一天

(Day Without Art)、沉默等于死亡（Silence=Death）等的影响不局限于当代艺术，对美国社会文化也产生了许多观念上的重塑作用。

当时所流行的艺术，无论是波普还是抽象表现主义，艺术家本人在作品中都是隐匿的，作者的生平和作品没有必然联系。然而，艾滋病相关的艺术作品开始具有了传记性，艺术家亟待把自己的故事告诉大众。一开始，这样的艺术创作还只在地下进行，因为关于艾滋病、同性恋、性的内容按照法律规定不得在艺术作品中出现。这种艺术和激进主义之间的紧张关系为后来的艺术家打破媒介的界限而阐明社会观点引了路。比如费利克斯·冈萨雷斯－托雷斯和罗伯特·戈伯（Robert Gober）就是用后极简主义观念艺术回应艾滋病主题的杰出代表。观看他们的艺术，当你知道了作者的经历，你会看到作品更多的层次。

当越来越多的艺术家加入艾滋病相关的叙事，人们知道艺术家在用自己的故事创作，在看作品时会持续想象着"作者之死"，直到他们真正死去。艺术家的死亡矛盾地为作品附加了重要意义。一代艺术家遭遇灭顶之灾，他们是那个时代的殉道者，他们曾经的愤怒、困惑、悲伤永远值得人们反思，而他们在幻灭与激荡中所展现的精神意志和创造力是人之为人的真正证明。他们在生命废墟上的精神重建，重塑了美国当代艺术，也深刻影响了那个年代至今的全球社会文化思潮。[end]

◉ 图9: 美国新波普艺术家凯斯·哈林1989年创作的作品《无知＝恐惧》(Ingnorance=Fear)。1990年，哈林因艾滋病并发症于纽约病逝，年仅31岁。© Whitney Museum of American Art via Keith Haring Foundation

◉ 图10: 纽约新博物馆的橱窗上安装的霓虹灯广告牌装置"沉默＝死亡"，1987—1988, Photographer: Melissa Gonzales © New Museum

红丝带与糖果堆：美国艺术幻灭与激荡的年代
Let the Record Show

专题・Feature

重启试试 | 艺术和流行文化中的重建

毁灭，按下 Start，重建！

```
☞  A New Home
   Load Game
   Endless Mode
```

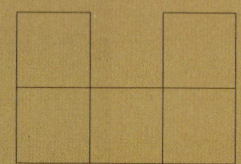

🕐 28'

06

written by 徐栖

地理学博士，书店选品人，进步主义路德分子。作品散见于网络。

毁灭，按下 Start，重建！
A New Home / Load Game / Endless Mode

游戏是一座虚拟纪念碑。

尽管生活节奏越来越快，我们还是保留着观看废墟的本能。准确地说，科技越发达，生产力越提高，生活的变化越迅速，我们就越需要有别的东西来证明，我们在世界上留下的痕迹中，还有一些是可以抵抗时间的流逝和人类文明的衰退的。既然抓不住不断变化的当下，就需要在废墟前停驻、凝视，让因为面对往昔岁月产生的种种情绪和思绪将我们淹没。废墟只是过去残留的极小碎片，但我们必须依赖它们才能想象过去。从现在回望那个想象中的过去，有如从未来回望现在，它让我们感到自己仿佛可以从相同的盛衰命运中抽离出来，从而更有勇气面对无常的世事变动，并意识到生命终有竟时所导致的存在危机。既然废墟对保持自我的信心是如此重要，那么即使真正意义上的废墟已经逐渐在我们的视野中消失，我们也要想方设法地找到它们的替代品。

这并不像想象的那么困难。构成废墟的要素只是停滞的、不随外界变动的时间，以及能让我们联想到某种代表过去的存在的氛围。古老砖石建筑的废墟固然可以起到这样的作用，却并非必需。视频游戏则可以方便地构筑独立于外部世界的空间。在这些空间中，时间被人为地设置起点、终点和流速。当它们描述和探讨人类的一种可能的存在状态，同时又把人类历史的某个侧面作为这种探讨的出发点时，它们就成了一种我们可以随时流连其中的私人化的废墟。我们在游玩中确认和挑战着对自我身份和当代文明的认识与判断，既尝试多种未来可能性的选择，又在对过往的评判中寻求这些选择的理由和根据，经受虚拟的经验对个人心态的塑造。废土／后启示录类游戏因此区别于其他游戏，它们因为对当代个体和集体心理的独特作用而具有了深刻的历史意义。

专题·Feature

以下介绍的四款游戏，或以视觉设计和背景故事激发玩家对过去的想象，或以游戏流程和机制的安排将架空世界观联系到现实，都以不同的方式构筑了令人流连忘返、值得反复回味的数字废墟空间。通过审视这些游戏，和它们给玩家的体验，我们能更深刻地理解实体的废墟和虚拟的废墟对一代又一代人的意义。

《最后生还者》——文明的退行

《最后生还者》 The Last of Us

类型：动作冒险

开发商：顽皮狗

平台：PlayStation 3, PlayStation 4

发行日：2013 年 6 月 14 日

续作：《最后生还者：第 II 章》

《最后生还者》系列在叙事上取得的最大成就是，它首先描绘了玩家无比熟悉的当代生活图景，然后用突然的真菌传染病和丧尸末日情节将它完全毁灭，最后让玩家心甘情愿地为了一个角色放弃了挽回他们熟悉的文明社会的可能性。和许多末日题材的游戏不同，这个系列中的废墟，前身是真实的城市和地标。玩家在游戏过程中产生的想象，和他们在游戏之外当下的生活经验相互映衬对照，有如同时身处游戏内外的两重时

毁灭，按下 Start，重建！
A New Home / Load Game / Endless Mode

空。这种体验对玩家理解幻想与现实的联系，以及主要人物的选择，产生了重要的作用。

《最后生还者》的故事开始于 2013 年，玩家和主人公乔尔一同目睹了虫草菌瘟疫的暴发和乔尔女儿莎拉的死亡。这一幕之后，时间跳到 20 年后，幸存下来并且成为走私者的乔尔，接受了把"货物"从波士顿送到附近的反政府组织"火萤"基地的任务。"货物"是一名十四岁小女孩艾莉，这对走私者来说倒不新鲜，但艾莉是个特别的女孩，她对虫草菌免疫，火萤希望能从她身上提取治疗真菌感染的药物。随着火萤的据点一个个被剿灭，总是慢了一步的乔尔也只好带着艾莉跟着火萤留下的踪迹，穿越了整个美国。在患难旅途中，乔尔对艾莉的态度也从开始时的不屑一顾，变成在她身上寄托由于丧女而失落多年的感情。最后二人在盐湖城终于找到火萤，乔尔却得知研制疫苗会导致艾莉死亡，而且还不一定能成功，于是他决定强行带走艾莉。艾莉醒来后，乔尔托称火萤给她做了检查，发现无法制作有效疫苗，只好让他们离开。艾莉将信将疑。

乔尔是灾变的幸存者，也是这个世界里为数不多的同时经历了文明的繁盛和废墟阶段的人物。他读过的书、看过的电影、对人类文化的了解，都与玩家的经验相互呼应。在和艾莉共同探索当代文明的废墟时，他代替了玩家接受艾莉的审视和批判，同时也带着玩家从未来观看由废墟描绘的当代生活。通过他的视角，我们会发现被我们视为理所当然的当代生活方式不仅脆弱，也未必合理。游戏描绘的废墟以及乔尔的自白越是真切地让我们想到现实生活，废墟的陌生化作用就越让我们不由得思考：人性当中，到底哪些可以经历天翻地覆的改变而存留下来？

从一代序幕呈现的虫草菌灾变暴发，到乔尔和艾莉的冒险，再到二代的情节中人类聚居地逐渐被放弃，游戏中的时间正好过去了四分之一个世

纪。在这段对于一个文明并不算长的时间里，人类社会从拥有完整的政治经济体系，到退化为基于军事化管理的单个"殖民地"，再到连军事手段和宗教都无法维系社群的存在，人类也从"社会动物"退到以血缘关系维持小集体、仅能勉强维持个体生存的"自然"状态。我们以为已经进入血液中的对集体、权威的向往和信任，甚至对安定感的追求，在灾变中都不一定能挺过 25 年的时间。

《最后生还者》的场景设计在从微观到宏观的尺度上，处处都在渲染突然向自然状态回归的恐怖和悲伤。小到大巴旁丢弃的行李箱，大到被炸断的桥梁和高楼，这些物件联结了玩家的想象，使他们能够想到在真菌的威胁面前，平民是如何狼狈地奔逃，从一个营地转到另一个集合点，一路上不得不抛弃曾经珍视的一切的；军队又是如何为了控制疫情的扩散，把大规模毁灭的手段用于自己的国土和城市的。虽然游戏没有一处直接描写这些场景，但这些布置已经把观看这一切的玩家和一个存在于游戏中的过往连接在一起。

而这个过往既有人命如蝼蚁的恐怖，也有家的温情。在二代的流程中，

毁灭，按下 Start，重建！
A New Home / Load Game / Endless Mode

○ 图1: 这一台 PS3 位于有电力的地区。虽然机主有大量时间玩游戏，但多人游戏的奖杯怕是拿不到了。图片来源：游戏截图

玩家会经过几处公寓楼，在其中一个房间里能看到一台蒙着灰尘的 PS3 游戏机，旁边还放着《最后生还者》制作团队顽皮狗在 PS3 平台上的旧作品《瑞奇与叮当》的光盘盒。这些物件因此给了游戏中的过去一个清晰的锚点。想象这些房间中过去的一切，我们仿佛可以亲眼看到自己平淡的生活被打碎。可见废墟并不需要古旧，它代表的过去也未必一定久远。我们在《最后生还者》的废墟中，缅怀的是近在 2013 年的过去，而这只会让我们自己的生活浮现眼前，让失落而悲哀的情感体验更加真切。

最能体现这个系列游戏"废墟性"的，还是一代接近尾声时的一个场景。在一场困难的战斗后，乔尔和艾莉从地铁站厅爬上高处，与最终的目的地——盐湖城圣玛丽医院遥遥在望。突然，艾莉一声惊呼，玩家操纵乔尔紧跟过去，看到的却是几头长颈鹿穿行在动物园的废墟之间，悠然自得。阳光洒在茂密的树木和掩盖了铁丝网的灌木丛之间，动物们全然没有注意到乔尔和艾莉的存在。在这里，玩家可以选择与艾莉展开游戏中最后一场可选的剧情对话，而对话之后，只要不离开阳台，玩家就可以无限地停留在这个场景中观看，正如流连于专属于他们的、连通已逝人类文明的废墟。

这是对西方废墟绘画传统的直接致敬，虽然我们不知道致敬是否是顽皮狗在这里的意图。更有可能的是，这个场景只是为了调节游戏的节奏，也让玩家更能理解在乔尔心中，火萤带回旧日世界的目标和艾莉相比孰轻孰重。不管废墟呈现的过去多么真实，甚至还有丝丝缕缕的遗留，逝去的都已经不可追回。试图以一个人的生命为代价从废墟中重建过去的文明，和过去为了阻止真菌蔓延而无差别轰炸城市一样，都是为生存抛弃了人性。而游戏在这里已经替我们选择了更重要的价值，玩家只需要理解它，并带着来自过去的馈赠继续前行。

专题·Feature

毁灭，按下 Start，重建！
A New Home / Load Game / Endless Mode

◯ 图2: 废墟画的要素就是空楼与代表寂静的食草动物。图片来源：游戏截图

《生化奇兵》——乌托邦已死，乌托邦永存

《生化奇兵》 *Bioshock*

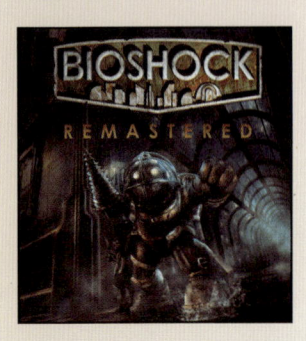

类型：第一人称射击

开发商：2K Games

平台：Microsoft Windows, Xbox 360, Plastation 3, Mac OS X, iOS

发行日：2007 年 8 月 21 日

续作：《生化奇兵 2》《生化奇兵：无限》

  按制作人肯·莱文（Ken Levine）的话说，《生化奇兵》讲述的是"有趣的想法由于我们只是人类这个事实而搞砸了"的故事。

  怎样理解"我们只是人类"？我们无法像蚂蚁或机器人那样，时刻准备着为集体的存续和利益放弃自己的生命和应得的好处。我们既需要与其他人结成利益的共同体，也不能放弃个人的诉求。因此没有一种乌托邦能满足如此矛盾而缺乏一致的我们，一个人的乌托邦必然是另一个人的噩梦。当今我们所处的现实，是无数理想博弈与妥协的结果，也可以看作无数乌托邦从雄心勃勃地形成到悄无声息地破灭的产物。

  而"有趣的想法"又是什么呢？销魂城（Rapture）的创造者安德鲁信奉客观主义哲学，我们也可以将其理解为极端的自由主义和个人主义：每个人以追求自己的快乐为道德使命，以创造有价值的成就为高尚追求，以理性为判断原则。听起来一切都很好。安德鲁在游戏故事发生的 20 年前为自己和想法相同的社会精英们建造了销魂城这座海底乌托邦，但他却

没有预料到复杂人性与理想蓝图之间的矛盾。很快黑道出身的商人弗兰克想到了利用孤儿大量制造质粒的方法，并且因为违反了安德鲁"不得接触地面世界"的规定而与安德鲁一派发生了冲突。你看到的就是争斗之后的废墟。

尽管游戏中的销魂城已经破败不堪，正在迅速滑向毁灭的结局，但废墟中的乌托邦图景并没有消失，它只是成为废墟这个现实的一部分，与另一种同样残缺的乌托邦图景继续发生着冲突。安德鲁期待销魂城成为他理想中的超人乐园：不再有繁文缛节和虚伪的道德阻碍发展与进步，人类中的精英在这里能发挥他们全部的潜力，带领销魂城迈向空前绝后的辉煌。而弗兰克很有可能也在一件事上赞同安德鲁：不希望狭隘的道德阻碍个人为自己争取更好的生活。但更加"草根"的他更需要个人的短期利益，而不关心安德鲁的宏大愿景。他们的想法差异不仅在形而上的层面分裂了销魂城，玩家也时刻都能在废墟中感受到两种乌托邦愿景的交锋。在宏大壮丽的现代工业风格穹顶的阴影，和宣扬理性人崇高精神的标语下，是阴沉猥琐的"切割者"，一心想着从外来者身上收集质粒，只用来满足自己身体层面的需求。

甚至就连玩家在销魂城中的行动，也体现着两种思想对角色的撕扯："切割者"和厉害得多的"老爹"都会迫使玩家消耗质粒，用来制作弹药、释放范围攻击等，否则角色难以存活。但如果从"小妹妹"身上吸取质粒，导致她们死亡，那么每次遭遇"老爹"时则会引起更猛烈的攻击。虽然采用了单线流程的设计，《生化奇兵》还是一款关于选择的游戏。玩家对"老爹"和"小妹妹"的态度、战斗的方式，都会影响游戏的进程。反过来，这些选择也会影响玩家的角色构建和角色扮演。安德鲁在对玩家摊牌时也说："我们都做出选择，但最终……是选择塑造了我们！"

专题 · Feature

图 3: 不走运的"老爹"和命运即将改变的"小妹妹"。图片来源：游戏概念图自 IGDB

也就是说，在游戏里，玩家不仅仿佛置身于由不同的乌托邦想象交错而成的废墟场景中，也以自己的行动被不同的乌托邦想法塑造着。在该系列最近的作品《生化奇兵：无限》中，玩家不再身处废墟，而是在一座浮空城市中冒险，但那同样是各种乌托邦理想交战与妥协的结果。废墟的图像只是突出了过往和源流的存在，帮助我们更好地聚焦视线，让淹没在各种细节当中的那些乌托邦和背后的想法与观念又重新浮现出来。而意识到它们的存在，我们才有机会在选择之余思考什么是更好的可能性。这些对更好世界的梦想，不仅给予人希望，它们的存在本身就有催生行动和培养能动意识的意义。

在《生化奇兵》中，安德鲁基于科技和理性的乌托邦没能战胜人性中的贪婪。但如果玩家能注意到销魂城废墟中另一个乌托邦的存在，游戏就会给你一个温暖而充满希望的结局。在神秘诡异的"老爹"和"小妹妹"身上仍然存在着人性，他们之间是一直存在于人类社会，却被安德鲁的客观主义乌托邦压抑的、由牺牲精神维系的情感纽带。如果你意识到销魂城的这部分居民也正和你一样穿行于自己的乌托邦碎片之间，相信你不难找到故事更好的结局。

《辐射》——揭穿曾经辉煌的幻觉

《辐射》 Fallout

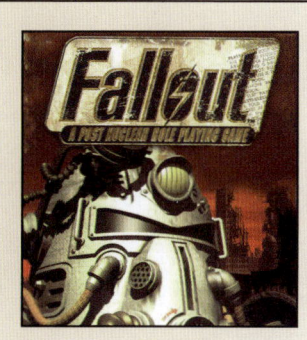

类型：角色扮演

平台：DOS, Windows, Macintosh

开发商：黑岛工作室

发行日：1997 年

续作及衍生：《辐射》宇宙

过去似乎总是代表着回不去的伊甸园，而我们通过凝视废墟，可以从过去获得只鳞片爪的记忆。在《弃物》这本书中，布莱恩·蒂尔写道，参观废墟可以让观赏者"在那些与他无关的人类、社群和文明的死灭中发现壮丽而高贵的东西"。

然而"……废墟投下它的阴影，我们转身回到当下的光明中。也许这是一个更聪明的选择，但对人类文明的坍塌无济于事，因为我们中的大多数人都无法从中看到任何其他的前路。"在蒂尔看来，对废墟的观看虽然可以使我们与过去建立某种联系，并且从缅怀过去中获得崇高而令人满足的情感体验，

专题 · Feature

但这种观看却止于自我陶醉和自我安慰，虽然让我们有足够的自信面对当下的危机，却并不能指出前进的方向，对改进造成危机的现状也没有帮助。但《辐射》表明，废墟所描述的那个虚构的过去，并不一定要高尚或神圣。

《辐射》用"复古未来主义"和"原子朋克"* 风格，对冷战宣传加以反讽。游戏里黑白科教片风格的视频，无论是讲述核弹的工作原理还是解释避难所的构造，都刻意营造轻松愉快的氛围，似乎即使核弹飞来，大家只要躲进地下掩体就可以安然无恙，核能更是可以成为掩体用之不竭的能源。

游戏对过往生活的描述正是对这种歌舞升平幻影的夸张式归谬。在战争发生之前，普通美国人家中都有核动力的机械管家负责一切家务，出门则有核动力汽车代步，人们对原子能只有感激和亲切之感，全然没有由于冷战和核电站事故产生的恐惧，以至于他们把自己最喜爱的饮品命名为"核子可乐"。当然也有 Vault-Tec 这样的军工复合体大公司未雨绸缪，修建了抵御核武器的地下掩蔽所。

正如历史上大国们对核武器与核战争的暧昧态度，导致世界长时间处在核毁灭的阴影之下，《辐射》中美国陶醉于可以在核战中幸存的幻觉中，也在一片繁荣中埋下了毁灭自己的种子。能源枯竭引发的战争迅速升级为核战，避难所的数量则远不足以提供有意义的保护，更多的人只能藏身在荒郊野外，或下水道、地铁站中，在祈祷中等待命运的审判。

100 多年后，从避难所走出的人们面对的是一个荒芜的世界，地面上的幸存者成了身上发绿光的变异人，地上的蟑螂一个个足有脸盆大。而军事基地附近出没的死亡爪和一些避难所中发生的耸人听闻之事，也让幸存

---

* 注：原子朋克（atompunk）生根于二次世界大战后的"原子时代"（太空时代），继承了原子时代的技术形态和美学风格。随着原子时代的逐渐落寞，原子朋克作为"复古未来主义"（retro futurism）的一种艺术表现，对原子时代初期人类对于未来的幻想进行悲观重现，通常带有颓废、叛逆的"朋克式"色彩。

毁灭，按下 Start，重建！
A New Home / Load Game / Endless Mode

○ 图 4："复古未来主义"：核动力机甲在 20 世纪 50 年代风格的街道上横冲直撞。图片来源：游戏截图自 IGDB

者意识到，军队和 Vault-Tec 并不像他们自己宣称的那样善良友好。玩家的化身在《辐射》系列中，几乎无一例外是从某个避难所出来的幸存者或其后代，因为某个任务而前往陌生的外部世界。在旅程中，玩家会发现，外表可怖的变异人甚至死亡爪中不乏良善仗义之辈，反倒是后启示录故事中常常作为"天堂"样板的那个毁灭前的世界，还有那些用辉煌的幻觉蒙蔽他人的势力，在废墟之间显露出了种种不堪。

《辐射》系列创作于 20 世纪 90 年代，也是美国和整个西方社会战后最乐观的十年。弗朗西斯·福山甚至再次提出了"历史的终结"，认为自由主义在苏联解体、冷战结束后将千秋万代地延续下去。在这种气氛中，《辐射》却注意到了那些导致战争的因素仍然存在，战争从未改变，而我们当下的乐观，在后人回望我们文明的废墟时也许可笑又可鄙。《辐射》并没有让我们更加自信地面对危机，但它在人们过于自信时提示了危机的存在。

当废墟中也没有让我们消极地接受现实的安慰剂时，我们与想象的或

专题 · Feature

然过去反而拉近了一层关系。我们不再是简单地观看，而是在自己的现实中处处看到这个想象中的过去的影子，直到想象的过去与我们的现实重叠起来，构成对我们自身状态的辛辣反讽。蒂尔提出的问题也因此有可能解决，因为《辐射》让我们意识到那些由像素和多边形构成的人物不但与我们有关，在某种意义上就是我们自己。在我们繁荣的表象下同样有隐忧，而避免荒诞命运的手段则如加缪所说："对未来的真正慷慨在于为当下付出一切。"

《寒霜朋克》——艰难的重建

《寒霜朋克》Frost Punk

类型：经营模拟、生存
开发商：11 bit studios
平台：Microsoft Windows
发行日：2018 年 4 月 24 日

反映废土或后启示录时代的大量作品，都把目光投射在新的文明已经重建了一段时间，甚至基本定形的时代。少有人注意到灾难降临后那个短暂的阶段，或者剧变发生后人们尚未完全适应的时期。当第一颗核弹落下，第一位病人被宣告死亡，第一座堤坝被淹没时，人们会感到震惊、绝望，还是漠不关心？文明崩溃时，发出的是一声巨响还是呜咽？

毁灭，按下 Start，重建！
A New Home / Load Game / Endless Mode

《寒霜朋克》在大量废土背景的游戏中，提供了一个独特的视角。它关注的正是剧变发生后那个最艰难的时刻——少数幸存者摸索着生存下去的道路，每个决定要么能延长全部或部分人的生命，要么引向万劫不复的命运，但没有办法区分它们的对错。故事发生在维多利亚时代，突然的火山爆发改变了地球气候，粮食歉收，冬季漫长而寒冷。大英帝国在煤炭储备充足的北方建设了热电厂，准备以它们为据点建立避难地。一群寻找煤矿的探险队员与大部队失散，他们在冰原上找到了一座设置在陨石坑中的热电厂，于是定居下来，建立了新伦敦市。他们很快发现附近一个叫冬之家的避难城市已经被风雪摧毁，只留下了少数幸存者。为了避免同样的命运，新伦敦市的居民要想办法搜集燃料和资源，维持发电机的运转，建设住房和医院来容纳难民和伤员，而被这群人拥戴为市长的首领，必须平衡不同的需求，做出艰难的决定。最后一批难民带来消息：一场大风暴将会到来，风暴中心的气温将低于零下100℃，届时就连发电厂都会被迫停止运转。这场风暴的猛烈程度意味着即使新伦敦能挺过去，他们也将是地球上最后的人类。

游戏中，玩家扮演新伦敦的市长，要负责给每一个人安排工作，要合理规划城市中各种房屋的布局，最重要的是维持热电厂的运转。玩家面临的挑战是，在做到这一切的同时，还要维持住人们的希望，控制人们的不满，免得自己被愤怒绝望的群众流放。玩家可以让居民的孩子也投入工作，但如果孩子被机器轧伤，人们就会产生不满，孩子的死亡对所有人的士气更是巨大的打击，会让他们失去希望。玩家也可以研究被称为"法典"的政策工具，它们最初看起来人畜无害，但很快就可能把新伦敦变成愚昧的中世纪城邦，或者白色恐怖的法西斯国家。同样的出发点，不同玩家的选择将形成意识形态上迥然不同的新伦敦市。

《寒霜朋克》把其他后启示录故事里很容易忽视掉的问题，重新直接摆在我们面前。在废土世界的新秩序形成之前，人类有过什么样的摸索和挣扎，这直接关系到我们怎样看待废土上建立的新世界。更重要的是，人类在这个阶段做出的选择，意味着即使是天翻地覆的变化，也承担着连接两个时代同样的人类的作用，而不是隔离开两代人类。

图5：保住热电厂差不多就是保住城市和市长小命。图片来源：游戏截图自 Rock Paper Shotgun

图6：《寒霜朋克》的玩家会遇到各种随机事件。玩家的选择将同时影响避难城市短期的状态和长期的发展。图片来源：游戏截图自 Rock Paper Shotgun

尽管没有实在的形体，游戏当中的法典仍然构成了一种虚构的废墟。法典是人类文明中，为了协调不同的利益和需求，作为一个群体共同生存而发明出来的各种制度和安排的遗迹和碎片。法典中的每一条法令，我们都能想象它们是在什么样的历史条件下、为了解决什么样的问题而被发明出来的，正如面对建筑废墟的残垣断壁时，我们也很容易想象它们当初作为完整的建筑，曾经容纳过什么样的使用者和具有什么样的功能。

但只有在《寒霜朋克》着力刻画而被大多数废土叙事忽略的历史时期，我们对废墟的态度会发生转变。废墟不再是仅仅用来观看，以获得对过去的想象的对象，而是时刻被重新定义、组合、修整的客体。正像第二次世界大战时中世纪的城堡被改建成医院，玩家可以在《寒霜朋克》中重新发掘和组合来自过去的管理制度，以适应自己的管理风格和随时变化的需求。而这种对过去的重新组合，又可以想见将塑造新的人类社会与文明的面貌。

即使历史上权力遮天的统治者，也极少有机会随时改变施政的思想与纲领，更不用说把历朝历代的政治思想都拿来任自己组合。《寒霜朋克》关注大变革本身而非后启示录的勇敢举动，也为实验性的玩法开辟了空间。只有在一个一切从头开始的迷你社会中，玩家才可信地拥有尝试各种管理策略并获得有效、及时反馈的自由。

这种夹在两个稳定状态之间的不稳定状态，在人类学中被称为"阈限"

(liminality)。它本来是用来形容经历成年或入伙等各种仪式的当事人的那种混乱迷茫、不知自己身在何处的状态的。在阈限中，当事人的感觉是时间停止了流动，自己仿佛能同时看到众多时空。仪式的目的是改变和重新确认当事人的社会地位，而在阈限阶段，当事人要离开熟悉的生活环境，在一系列经常导致痛苦的仪式中询问关于自我和社会秩序的想法。将这一概念外推到整个社会，在社会秩序和世界观交替的时代，这个摧毁与构建并存的过程将产生一些重要的想法和实践，并对后世文明的结构产生影响。

《寒霜朋克》和类似的游戏，正是提供了这样一个阈限式的空间，让我们在相对不那么痛苦的尝试中更深刻地了解过去与未来的联系，思考现实与未来的可能性，也更加理解个人与群体在整个人类及其历史中的位置。

结语

在大量且越来越多的文化产品都已经数字化的今天，最令人恐慌的事情就是，当后人在几百年后回顾这个时代时，他们会发现我们似乎什么也

专题·Feature

没留下。或者更可能，后人有自己与数字内容交互的方式，今天我们用二维的屏幕或者笨重的 3D 眼镜才能浏览和欣赏的这些东西，他们根本不屑一顾。我们自己尚且没办法对一个星期前的事件保持兴趣，又怎能指望百年之后的人类还想得起我们？

有人会说："但是还有书籍。"可是我们不难想象，未来印在纸面上的信息会越来越少，书本的形态也许不到一个世纪就会被技术推动着改变。不仅如此，人类社会的其他层面也会像忒修斯之船一样逐步被更新和改变。过去的消散，往往悄无声息。例如现在天天堵车的北京八王坟，在不到 100 年时间里，从破败的清朝亲王陵墓到日军伤兵医院到红星二锅头酒厂再到高楼林立的商圈，这一切已经没有半点实物证据，只有几个网页记录着那段历史。等到这几个网站关停，这些记忆又当付之何如？

也许不断在变化更新的生活和文化不管曾经多么幸福辉煌，都没有什么历史意义。在此时此刻之前的每一秒、每一天、每一个世纪，都参与了对今天的塑造，但如果这一塑造过程从未被中断，我们就很难区分过去和现在。恰恰是那些灾难和战乱，既毁灭了当下又定义了过往，既中断了发展又彰显了变迁。只有通过它们留下的废墟，我们才意识到在当下和眼前的生活之外，还有过去的存在。废墟同时联结和区分了现在与过去。没有它们，就无所谓历史，而没有历史，我们就没有确定的、共同认可的来处，也无法理解"人"，遑论理解"现代人"身份的意义。

我们甚至可以猜想，正是因为脱离了废墟带来的这份自省和想象的体验，人们才像贾雷德·戴蒙德的《崩溃》里写的那样，或是在自然灾害面前不知所措，或是专注于短期利益而忽视了与其他社群的共存之道，导致了自己所处社会的崩溃，留下废墟开始新一轮的历史循环。

也许这正是废土 / 后启示录游戏独特的价值所在。它们本质上是反抗不断进步而无法靠边停车来总结和反思的超现代化生活，反对可触摸的经验随着文化的影像化和数字化而日渐稀缺的趋势。既然生活中的废墟日渐稀少，我们就在游戏中创造（虚构）一个大到可以割开过去与现在的事件，创造一个废墟式的虚拟时空，让玩家可以从一个并不存在却很真实的过去里构建角色的身份认同，而这种认同会随着玩家对角色的代入和共情，成为现实的共同记忆的一部分。在《最后幸存者》《生化奇兵》《辐射》和《寒霜朋克》中，我们尝试做正确的决定，我们想纠正前人的错误，我们试图适应新的环境、建立新的集体生活。而在离开游戏提供的废墟空间后，我们在这些空间内的思考和行动也将留在我们脑海中，影响我们在现实中如何看待历史、自我和他人，以及在面对变化局面时的选择。

　　这些游戏的创作者是数字时代的"双面神雅努斯"**。他们独特的能力，是以后世历史学家的眼光，将我们当下或历史中的某个侧面固定下来，变为游戏中虚构历史的一个断面，再用灾变事件将它与游戏叙事的发生时间隔开，推想断面之后的发展，评判当局者难以评价的这个当下的侧面，形成在虚构的时空中审视自身的局面。游戏因此构成虚拟的纪念碑，让我们在变化越来越快的时代和意见越发分裂的意见场域中，还能共享一种废墟体验，保有能够继续对话的身份认同。以大众能接受的形式创作这样的游戏并非易事，更多的打着废土招牌的游戏恐怕只有黄沙枯骨的外表，而没有感怀过去的内核，却能以推翻一切重来的自由度和爽快感吸引更多玩家，变得更主流和更受欢迎。但只有在那些关心过去的废墟式游戏里，我们才能寄放那份生而为人，想要找到万古之中的坐标的自豪与惆怅，再带着这份情感，更彻底地投入每一天更新和重建现实世界的工作。[end]

**　　注：**雅努斯是罗马神话中开端、大门、选择、过渡、时间、对偶、道路、门框和结尾的神。他通常被描述成有前后两张面孔，展望着过去和未来。

LEGACY

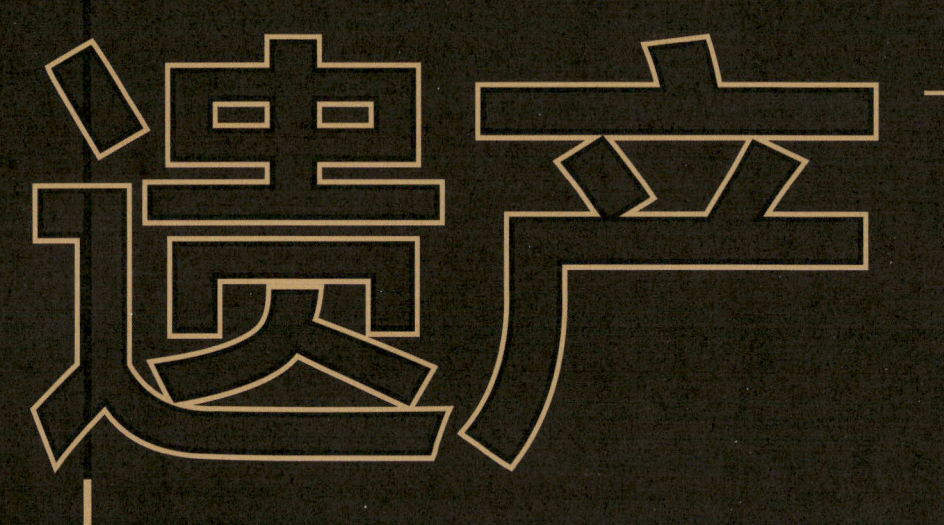

遗产

Flash

数字废墟

2020 年 12 月 31 日，
Adobe 正式结束了
对 Flash 播放器的更新、支持和运营，
一个具有 25 年历史的产品
结束了它的生命周期。

遗产·Legacy

告别 Flash：
从数字洪流到数字废墟

The Rise and Fall of Adobe Flash

🕐 20'

07

written by **rubber9soul**

前科技媒体从业者，自由撰稿人，长期关注游戏、智能硬件和各种新科技。

告别 Flash：从数字洪流到数字废墟
The Rise and Fall of Adobe Flash

少有人去设想，如果 Flash 这项技术"突然消失"，将会有多少视频、游戏、动画、网站成为乱码，然后瘫痪，最终化成一堆废墟。

2005 年的情人节这天，三位前 PayPal 雇员陈士骏（Steve Chen）、贾德·卡里姆（Jawed Karim）和查德·赫利（Chad Hurley）一直凑在电脑前，他们筹备已久的网站就要正式上线了。受到照片评分网站 Hot or Not 的启发，他们想创建一个视频形式的线上约会网站。在三人原有的设想中，青年男女们通过上传自我介绍的视频，就有机会通过这种方式找到自己心仪的对象。但网站一直很冷清，就算他们去各大论坛卖力宣传也无济于事。这种情况持续了好几个月，最终他们决定调整策略，不再限制上传视频的种类，每个人都可以在这里分享视频。"Broadcast Yourself."

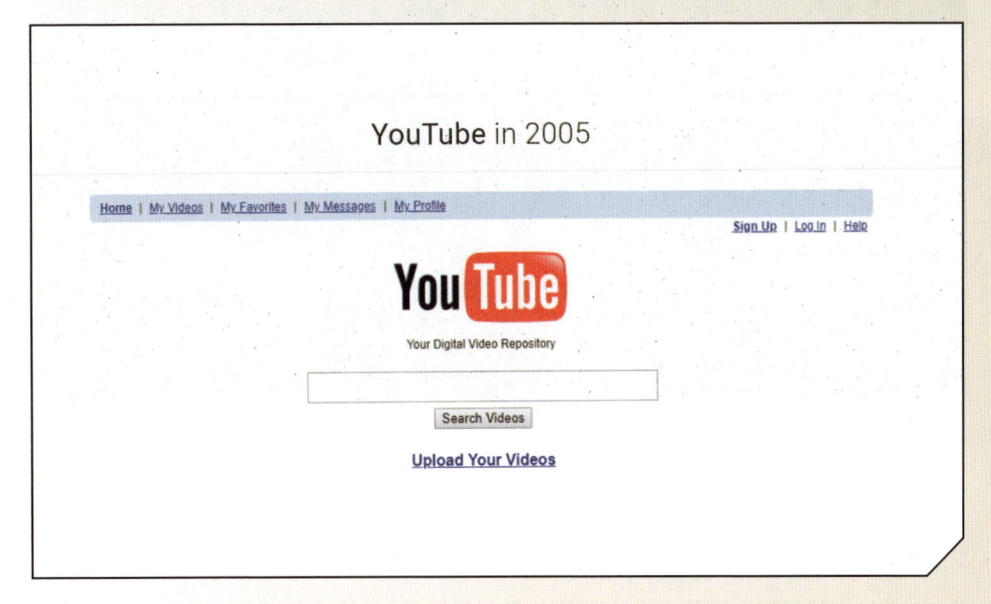

图 1: 2015 年的 YouTube。图片来源：Web Design Museum

这个失败的网站就是 YouTube。在转型一年半之后，它带着 5000 多万用户被 Google 以 16.5 亿美元收购。这个天价数字说明，在 2006 年，互联网巨头预判到网络视频将是下一个爆发性增长点。除巨大流量带来的信心外，"基础设施"的逐步成熟也让视频行业的未来看上去更加稳固。这其中有两项技术至关重要。一是宽带联网。2005 年前后，宽带开始取代拨号网络进入更多家庭，这让互联网实现了更大流量的数据传输，从而解决了视频无法流畅地上传、下载、播放的问题。二是标准播放器。彼时 Flash 播放器在桌面端已经拥有 98% 的市场占有率，成了浏览器的标配，这为在线观看视频提供了统一标准，而且免费的播放器也降低了网络视频的消费门槛，致使用户蜂拥而至，激励了 YouTube 这类视频分享平台如雨后春笋般出现。

◐ 图 2：Flash 播放器停止使用的弹窗通知。

Flash 播放器，或者更进一步说是 Flash，对互联网的贡献远不止于此。在 20 世纪末的低速互联网时代，使用矢量图形的 Flash 就实现了数据最小化，成为开发应用程序、制作视频音频的首选工具。

基于 Flash 所创作的动画、游戏、软件和各种网站交互，极大地丰富了用户的内容消费品类。它既是工具，也是内容载体，甚至这个词语本身就能指代一类内容。Google 曾在官方博客中这样评价："Flash 塑造了人们在网上玩游戏、看视频和使用程序的方式。"

因为 Flash，互联网在进入 21 世纪后变得缤纷多彩了。但这个里程碑没能长久地矗立在汹涌的技术浪潮之中，Adobe 在 2020 年的 12 月 31 日正式结束了对 Flash 播放器的更新、支持和运营，一个具有 25 年历史的产品结束了它的生命周期。在移动互联网时代，大量的产品都在经历着快速诞生和死亡，快到来不及对这个世界产生微小的影响。但 Flash 不同，它的消失，不仅带走了一个时代充沛的创造和文化记忆，同时也在赛博空间里留下了无数难以发现和清理的数字"废墟"。

探究这一切是如何形成的，我们还要回到 1993 年，Flash 诞生前的那个年代。

作为工具，超越工具

FutureWave 软件公司在成立一年后，开发了一款矢量绘图软件 SmartSketch。创始人乔纳森·盖伊（Jonathan Gay）希望"把人的设计思维用图像在电脑上展示出来"。然而，来自市场的教育总是残酷的。1995 年，在计算机界最重要的图形技术展会 SIGGRAPH 上，盖伊备受打击——自家的展位非常冷清，带来的软件一套也没卖出去。不过他也并非毫无收获，几乎所有在他展位上停留的人都建议他为这款绘图软件增加动画制作的功能。

盖伊之前也曾考虑过这个想法，但是当时他认为动画市场还是太小了，

遗产 · Legacy

能为软件买单的只有大的动画工作室。这个忧虑看似十分合理，但与此同时，世界也在发生着巨变：20 世纪 90 年代初网络标准开始逐步建立，1995 年互联网在美国实现了完全商业化，随之而来的是人们对于新事物的强烈渴望。盖伊相信对图像和动画网页的需求将会是一个大机遇，他随即更改了 SmartSketch 的核心功能。

除了增加动画制作功能，公司的另一位创始人查理·杰克逊（Charlie Jackson）还敏锐地捕捉到一个趋势：印有 "made for the Web" 字样的软件会被零售商摆在最显眼的位置，说明这类产品在市场上很走俏。所以改头换面后的 SmartSketch 不仅能够制作动画，还包含了可在网络上运行的组件，并被重新命名为 FutureSplash Animator。产品推出市场后，大获成功。

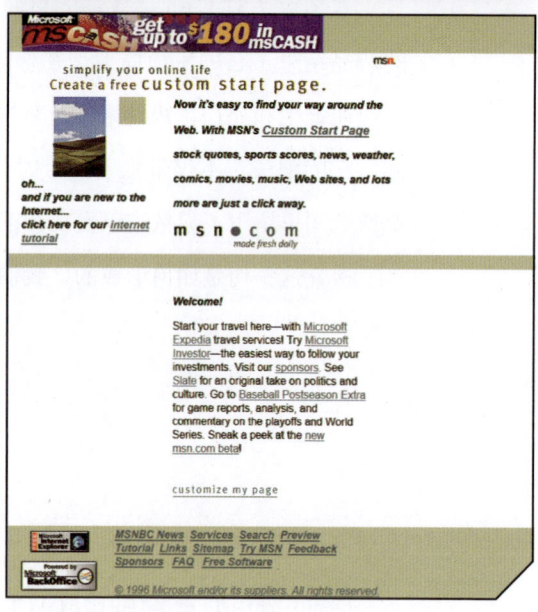

◎ 图 3: 早期的 Flash 界面。图片来源: Web Design Museum

◎ 图 4: 1996 年的 msn.com 页面。图片来源: Web Design Museum

1996 年 11 月 FutureWave 被 Macromedia 收购，FutureSplash Animator 改名为 Macromedia Flash，简称 Flash，至此 Flash 正式登上了互联网历史舞台。至于 Flash 这个名字的由来，有一种说法是，它是 FutureSplash 的首尾字母拼接。

告别 Flash：从数字洪流到数字废墟
The Rise and Fall of Adobe Flash

　　Flash 的成功，一方面归因于它的出现恰逢其时。互联网从专业领域走向大众领域后，被赋予了更多的娱乐属性，原本以文字、图像为主的网站都想变得时髦起来，以便更快地吸引更多用户。有财力的大公司最先开始行动，为它们的官网增加动画组件，增加更多可交互的内容。用 Flash 制作的矢量动画体积较小，而它又有配套的播放插件，于是就成了很多网站的首选。比如，微软就选择了 Flash 作为官方网站（msn.com）上视频的默认播放器，而 msn.com 又是当时所有 IE 浏览器的默认首页。和大公司的合作起到了一定的示范作用，这让 Flash 的知名度获得了强劲的助推。

　　另一方面，以往动画类的内容大多出自专业的制作公司，而 Flash 的出现改变了这一点。Flash 入门简单，工作流程可视化强，如今这几乎是所有优秀创作工具必须具备的特点，但在 20 世纪 90 年代末的计算机工具中，这样的特质是稀缺的。作为开发者的盖伊在生活中就很喜欢建造东西（也喜欢乐高），他享受事物从简单到复杂的过程，这显然影响了他设计软件的理念。"你可以从图像和画画开始，一步步地增加和提升技巧。迭代优化的过程是设计的重要组成部分。"他曾在一次采访中说道。

　　正是在这个时期，Flash 吸引了很多创意人士的关注。原先他们苦于不会编程或者缺少专业技术，Flash 的出现打破了这个门槛，释放了他们的创作欲望，而这部分人群则把 Flash 从普通的工具带向了全新的纬度。

　　提供标准、激发创意、让互动媒体大众化，在蛮荒的互联网时代，Flash 展现给我们的是一个可触及的充满想象力的世界。21 世纪的最初十年，随着 Flash 一次次迭代，越来越多的视频、游戏、动画被制作出来，散播于网络。有部分创作者甚至可以依靠制作 Flash 为生。

　　在国内也有这样一批创作者，他们被称为"闪客"，活跃在闪客帝国等网站上，他们交流分享作品，形成了极佳的创作氛围。2000 年，闪客蒋建秋创作的《新长征路上的摇滚》MV 第一次运用了全矢量动画制作，

遗产·Legacy

这让大众意识到 Flash 动画也可以如此精致。值得一提的是，崔健在宣传新歌《红先生》时，还主动找到蒋建秋来为他制作动画MV。除了歌曲 MV，当时还出现了一批流传很广的动画短片，例如《东北人都是活雷锋》《大话三国》《大学生自习室》等。其中也不乏温情感人的作品，卜桦的《猫》就是以猫的视角讲述了一段非常感人的故事。

随着动作脚本（ActionScript）的引入，Flash 又开始成为独立游戏开发者的利器。虽然游戏质量不及专业游戏厂商开发的作品，但 Flash 游戏不用下载，在浏览器上就可以运行，这种"即点即玩"的模式很适合在网上传播，并且能够迅速获得玩家的反馈，反而拉近了玩家和开发者的距离。老互联网玩家一定有在 4399、7K7K 等网站玩《闪客快打》《黄金矿工》《魔塔》等小游戏的经历。

不止于此，Flash 的影响力也开始冲破互联网。2004 年央视推出的《快乐驿站》系列节目，将 Flash 和经典相声小品结合起来，创造了一种新颖的内容形式，Flash 通过电视被更多人熟知。它也同时走入了校园，Flash 制作成了很多微机课堂的必修科目，市面上也能找到琳琅满目的相关教学

◐ 图 5：《新长征路上的摇滚》动画截图。

◐ 图 6：《闪客快打 2》游戏画面。

书籍，形成了一股全民创作热潮。

  Flash 成为主流创作工具，配套的 Flash 播放器可以免费下载，让这个时期的 Flash 超越了工具本身，变成了一种内容的技术标准，甚至参与到对网络流行文化的塑造中。对于一款定位为创作工具的产品来说，它的影响力远远超过了人们的预期。当然，它的成功也未能躲过资本贪婪的眼睛。回到 YouTube 上线的 2005 年，Adobe 公司斥资 34 亿美元收购了 Macromedia，Flash 被纳入这家软件巨头麾下。

从技术标准到废弃棋子

  Flash 从作为主流标准到不断被各种新的技术挑战和取代，这个转折发生的背景是由于 2010 年前后移动互联网的兴起。Flash 经过多年迭代，再加上很多基础网络功能都需要它来实现，导致产品功能越来越复杂、臃肿。功耗高、内存占用大，这对移动互联网开发无疑是致命的。此外，Adobe 对于安全漏洞的不作为，以及在隐私问题上的两面三刀，已经让用户彻底失去了耐心和信任。

  2010 年 4 月，乔布斯发布了一封炮轰 Flash 的公开信，他在信中罗列了多个 Flash 的缺陷，包括：

* 不够开放，它是一个封闭的系统；
* 不是"完整网络体验"的唯一选择；
* 不安全，可靠性低，在移动设备上性能表现不佳；
* 会降低移动设备的续航；
* 并非针对触控屏而设计；
* 开发者依赖第三方数据库和工具，容易受制于第三方。

遗产 · Legacy

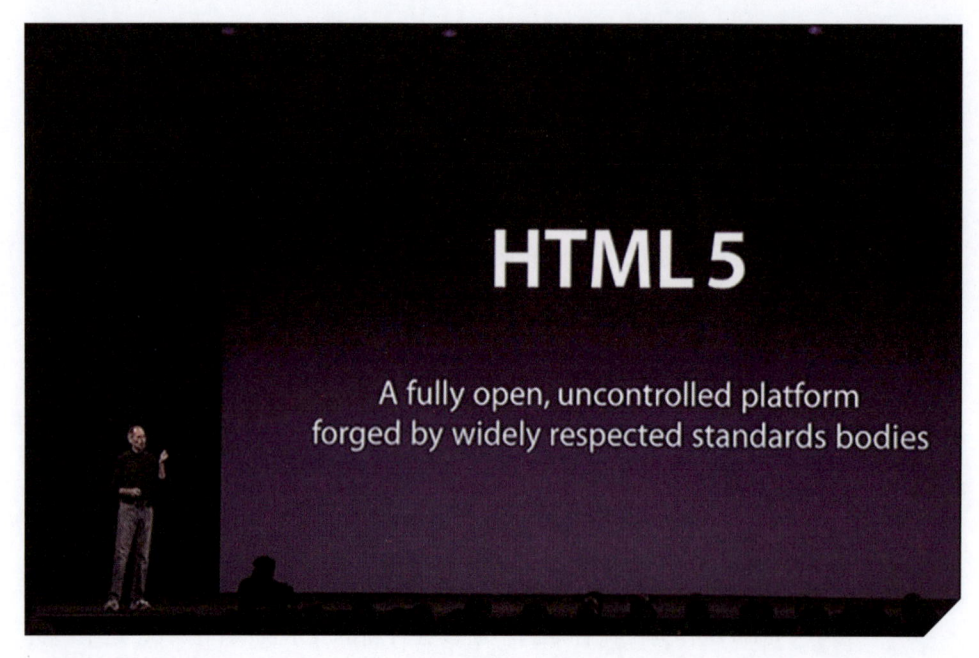

图7: 2010年乔布斯在WWDC上介绍HTML5。图片来源：苹果官方视频

这封信直接宣告了苹果公司和 Flash 的决裂。当时互联网上有 75% 的视频是基于 Flash 技术开发的，Flash 是绝对的行业主流。乔布斯"代表"苹果用户、开发者站在了 Flash 的对立面，一时掀起轩然大波。但乔布斯表示："与其说宣战，不如说我们只是做了一次技术上的决定。"

2010 年，移动互联网包括手机应用生态已经展现出巨大的发展潜力，Google、微软等互联网巨头都在加码布局移动平台。就在这封公开信发布两个月后的 WWDC 大会上，iPhone 4 正式发布，这是 iPhone 诞生以来最大的一次更新。同时乔布斯在会上表示 App Store 已经拥有超过 22.5 万款应用，累计下载次数突破 50 亿次。

在这样的背景下，Flash 作为一项在个人电脑时代诞生、为键鼠操作而设计的技术，在向移动平台过渡时显得迟钝而乏力。也正是基于这种判断，以苹果为首的巨头开始转而拥抱更加现代化的技术标准——它就是 HTML5。

初出茅庐的 HTML5 在功能上还不完备，无法和 Flash 直接抗衡。不过，它所展现出来的开放性和对移动平台的友好吸引了大量开发者的关注。2011 年，Adobe 宣布放弃开发移动版 Flash，而 HTML5 仍在持续快速完善。2014 年 10 月，W3C（万维网联盟）完成 HTML5 标准规范的制定，进一步加速了它的普及。之后，微软、YouTube、Facebook、Google 等平台纷纷拥抱 HTML5，就连 Adobe 本身也开始加大在 HTML5 上的投入。2017 年，Adobe 正式宣布将 Flash 的历史结束在 2020 年的最后一天。

在无数跌宕起伏的互联网故事中，Flash 绝不是最有戏剧性的。作为被收购的产品，它仍然掌握着自己的部分命运，和 Adobe 度过了五年蜜月期；它占领了数以百万计的网站，通过大大小小的视频、动画、游戏将网络空间一步步侵蚀。在当时，根本不会有人预料到，有一天 Flash 会被迫关停；更不会有人去设想，如果这项技术"突然消失"，将会有多少视频、游戏、动画、网站成为乱码，然后瘫痪，最终化成一堆废墟。

谁来拯救数字废墟

在现实生活中，废墟的定义是城市、村庄、建筑等遭受毁灭性破坏的荒凉之地。在网络世界里，与现实的"砖块"对应的就是数据。数据只有通过一定的规则组合起来才会形成"建筑"，否则就是一堆数字化的残垣断壁。

从技术层面上看，数字废墟的形成一般有三种原因。第一种是"砖块"本身发生了破损，即物理层面造成的数据损坏。不小心摔坏了硬盘、手机进水了无法开机、设备故障等都属于这种情况。第二种是无意识的忽略和遗忘，是数据所有者的行为造成的结果。忘记密码、不再使用账号或者账号所有者去世，都会让一部分数据失去存在的意义。这部分数据可能是互联网普及 20 多年以来存量最大的一块废墟。

遗产 · Legacy

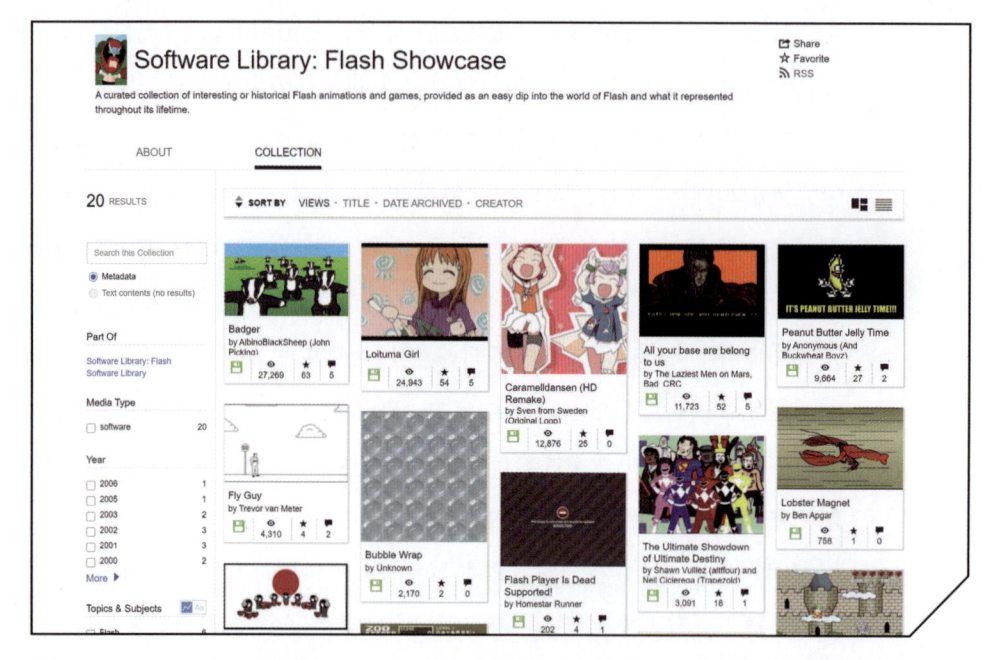

图 8: Internet Archive 的官网页面。

最后一种情况是"建造或存续"规则发生了变化，使数据无法被正确处理，变成了无意义的 0 和 1。具体来说，就是当数据存储介质或技术标准变更、迭代时，如果没有主动将数据迁移到新介质或转换为新的技术标准，那么原数据的读取、转换难度会逐渐增高，有效数据会越来越少，数据价值越来越低，直至变成毫无价值的垃圾。

试想一下，如果搬家时你在柜子最里层翻出一张软盘，里面还保留着你用 WPS 写的一篇文章，但因为找不到软盘驱动器所以无法读取里面的数据。尽管数据没有损坏，但因为无法被读取也就变得没有意义了。磁带、CD 等存储介质正在经历这样的过程，Flash 作为一种技术标准，在面对技术更迭时也遇到了类似的问题。

当平台开始向 HTML5 迁移时，平台原有的内容就面临着两种选择：要么遵循新技术进行迁移，要么置之不理自然消亡。然而重制成本巨大，而旧内容的时效和价值也在不断降低。平台或者创作者往往选择后者，这就造成了大量的内容直接荒废。

这会牵扯到另外一个问题，即当一项关键技术完全掌握在一家公司手里时，一旦相关技术被淘汰或者这家公司终止服务，将会产生数量惊人的数字废墟。根据 Google 的统计数据，2014 年，有 80% 的桌面端还在使用 Flash，而到了 2017 年，这个数字已经下降到了 14%，随着 2020 年关停，这个数字会逐渐接近于零。这些年所产生的所有 Flash 内容，如果不进行迁移，数据的读取和传播难度都将迅速提高，最终成为一片荒芜。

和现实世界那些看得见摸得着的废墟相比，数字废墟还有一个非常典型的特征就是，它的产生很难被快速感知到，一旦开始形成就是大面积的，又很难挽救。

虽然 Flash 停止服务有一个明确的时间点，但其实它的整个消亡过程已经持续多年，距离乔布斯发布抵制 Flash 的公开信已有 10 年之久，距离 Adobe 宣布淘汰 Flash 也已经过去了 3 年，而当最后的时间点来临之时，Flash 无法运行的灰色色块还是随处可见。虽然有大概率是内容机构和个人主动选择了放弃，但一定还存在很多内容是因为没有足够时间、精力、技术进行迁移。

我们还有机会拯救这些消失在人类历史中的宝贵记忆吗？

互联网档案馆（Internet Archive）开展了一个保存 Flash 的项目，它鼓励人们自发地将 Flash 动画、游戏和软件上传到档案库永久保存。正在开发中的 Ruffle 则是一个用 Rust 语言开发的 Flash 模拟器，它可以运行在最新的操作系统和浏览器上，不受 Flash 自身关停的影响。除此之外，非盈利项目 Flashpoint 也在积极收集 Flash 内容，同时建立这些内容的维基百科词条。

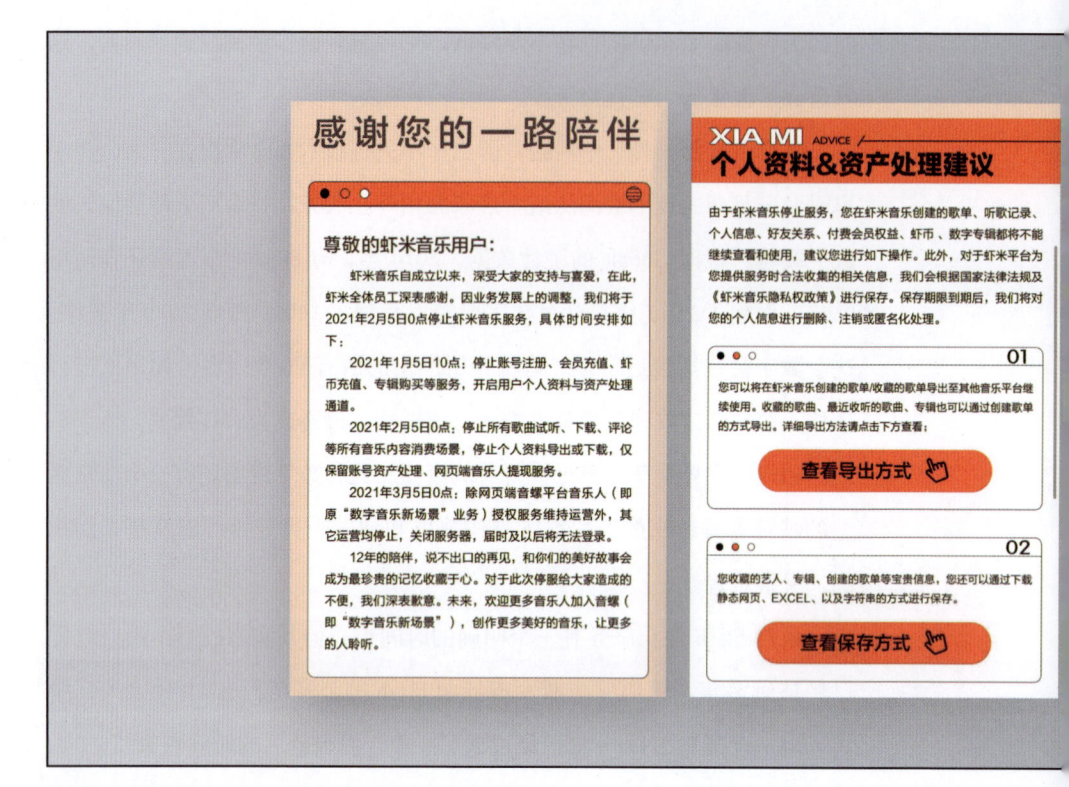

图9: 虾米音乐停止服务官方公告。

  还有一些动手能力强的网友基于 Flash 动画采用矢量图制作的特点，把原始素材进行逆向还原和像素升级后，将一些 Flash 动画重新打包成高清 MP4 视频，希望让它们继续在互联网上传播。

  这些热心的组织和个人在积极抢救 Flash 造成的废墟，而对于大多数个人来说，面对这种因技术淘汰而产生的局面，在专业角度能做的其实非常有限。

  除了被淘汰的技术，互联网时代还有一种更为频繁也更严峻的情况，那就是每天都在发生的因为各式各样原因而停止服务的互联网产品。一个没有熬过测试版的产品可能不会引起我们的注意，但已经有一定规模（甚至曾经达到很大规模）的产品，一旦停止服务，带来的影响往往是被我们低估的。像是腾讯微博和虾米音乐，这些服务本身也是一种大型的内容载体，当服务终止后，用户在平台的创作、和平台的互动、记录的各类信息和数据，都将难以追溯。

这类情况同样难以由个人左右，除非在商业层面有其他公司能够接管。例如，红极一时的短视频流媒体平台 Quibi 关停后，它的内容库被流媒体公司 Roku 收购，算是有效避免了平台上的内容变为废墟。摩拜作为曾经国内最大的共享单车平台，也有美团善后。但这些都只是个例，大多数停止服务的互联网产品都消失得无声无息，它们要么没有足够的"声量"去获得接盘，要么完全是竞赛的牺牲品。比如摩拜的对手 ofo，不但成为了互联网的幽灵，还在物理世界产生了废墟，废弃的自行车堆积如山，触目惊心。我们被动地制造了这一切，却又无能为力。

想从个人层面抵抗数字废墟，我们能做的最基本的就是保护好自己——提前做好个人内容的备份，确保自己的数据安全。看似简单的方法执行起来却并不容易。随着人们生活空间的线上化，需要管理的数据变得越来越庞大和复杂，这绝不是个体所能解决的困境。

全球挽救 Flash 内容的行动不完全是徒劳的，它也给我们带来了一些指引。或许未来互联网（也许是企业也许是政府）可以仿照现实世界创立一种分类回收机制，可能是一个超大型的网络档案馆，也可能是通过 AI 来分析被遗弃的数据，总之可以帮助人们从那些即将成为垃圾的内容中挑拣出还有价值的部分，存储并继续加以利用。或许当这一天来临时，我们可以更加没有负担地享受技术进步带来的便利。[end]

TOOLS

工具

Everyda

EDC

最好的装备是于需要时在你身边。

y Carry

工具・Tools

EDC 变迁史：
从生存工具到手机一统江湖

Everyday Carry: From Survivalist's Toolkits to Everyone's Gears

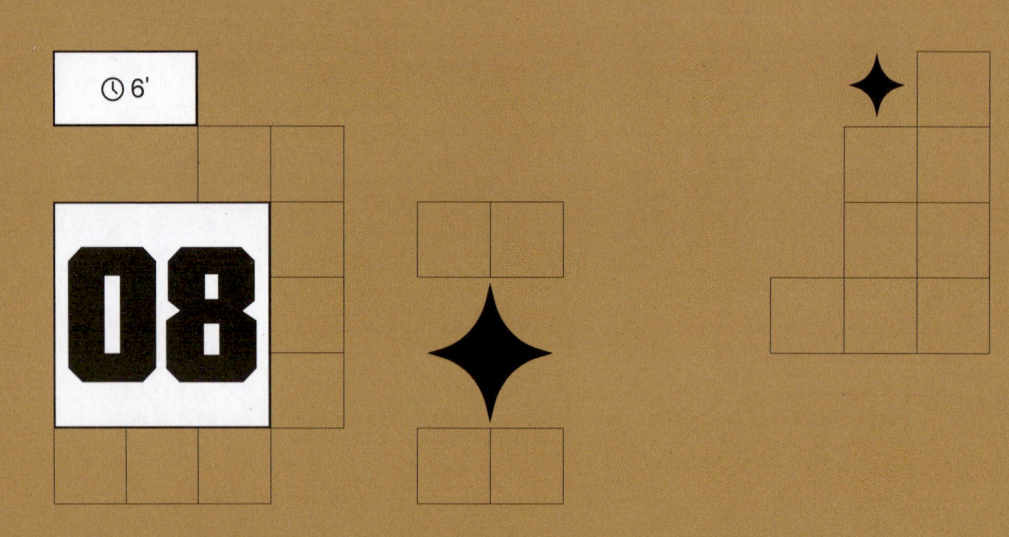

🕐 6'

08

written by rubber9soul

前科技媒体从业者，自由撰稿人，长期关注游戏、智能硬件和各种新科技。

EDC 变迁史：从生存工具到手机一统江湖
Everyday Carry: From Survivalist's Toolkits to Everyone's Gears

EDC，即 Everyday Carry，指那些需要我们每天携带的装备。就算你没听过这个缩写，也一定在社交网络上看过那种把手机、太阳镜、钱包等包内物品整齐摆在桌面上的俯拍照片。

早期的 EDC 更多指代一些实用的随身工具，但观察近几年社交网络上的分享你会发现，如今的 EDC 基本上变成了"手机+其他"的组合，而这个"其他"，也越来越多地变成了手机的附属品，比如充电器、移动电源、无线耳机等。

由于智能手机和移动互联网的普及，手机已经成为这个时代最成功的 EDC。与此同时，手机对其他工具的消化和整合，也正在让 EDC 的概念变得单一，甚至接近消亡。

冷战背景下的"求生包"

EDC 的概念随着社交网络的普及而变得流行起来，但它的内核最早可以追溯到冷战时期。早期的 EDC，形式上更像是一种"求生包"。

冷战下的不安全感，催生了一批生存主义者（survivalists）。这些人希望通过提早准备生存装备和提升个人生存能力来增加自己在危机环境下的存活率。他们对刀具、绳索和手电等生存装备进行了深入研究，期望组合出最合理的求生包，便于在危机时刻能够随身携带。

冷战已经成为历史，但生存主义者的求生欲并未消减，他们仍在积极应对其他可能存在的威胁。这其中不乏一些激进的"末世准备者"，他们甚至会修建个人避难所，来储存生活必需品和求生 EDC，以应对世界末日的到来。

早期的 EDC 主要是生存主义者为了求生而准备的。对于大众来说，应对危机并不是一个高频的需求，因此，进入大众领域的 EDC 不再局限

工具・Tools

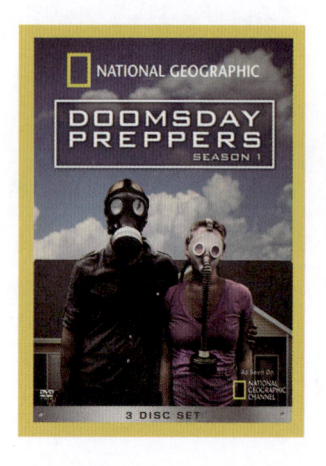

图1：Veitorld 求生包。每一件物品都有明确的功能和使用场景，相互之间不可替代，这些 EDC 主要用于紧急情况下的逃生自救。

图2：《国家地理》杂志参与拍摄的美国真人秀节目《末日准备者》（左）和电子工业出版社翻译出版的《DK 野外生存百科》（右）。

于生存工具，人们会留下真正实用的装备在身边。随着电子技术的发展，随身听、掌上游戏机等电子产品开始进入更多普通人的生活，EDC 的概念也由此不断泛化。

EDC 的电子化趋势

从 20 世纪 50 年代开始，晶体管开始取代电子管被应用在一些电子设备中，带来的最直接的变化就是设备体积大幅减小。进入 20 世纪 70

EDC 变迁史：从生存工具到手机一统江湖
Everyday Carry: From Survivalist's Toolkits to Everyone's Gears

◐ 图3：20 世纪 80 年代末的 EDC 主要包括掌上游戏机、随身听、头戴式耳机等。这个阶段的 EDC 不再局限于工具本身，开始更多地满足人们的精神娱乐需求。

年代，随着集成电路、小型化电池的成熟应用，电子设备的发展又进入了一个全新的阶段。

录音机、游戏机、唱片机这些原本只属于客厅的电器终于摆脱了电源线，有机会成为人们每天携带的产品。索尼通过改造便携录音机带来了 Walkman 随身听；任天堂将家用游戏机的体积缩小，再加上一块屏幕，推出了可以装进口袋的 Game Boy 掌机。

电子时代的 EDC 逐渐深入人们的日常娱乐生活，也极大地拓宽了它自身品类的边界。同时，EDC 的电子化趋势也为之后手机的"一统江湖"埋下了伏笔。

手机的整合

在智能手机诞生前的很长一段时间里，EDC装备基本由日常工具（日历、笔记本、计算器、电话薄等）和电子产品（手机、随身听、卡片相机、掌上游戏机等）两部分组成。

智能手机的普及，直接导致上面提到的很多EDC被边缘化。智能手机在硬件层面上将原本独立的产品一个个塞进了可以一手掌握的设备中，而日常工具也被一款款App替代。不仅如此，人们还可以随时添加、删除App。

◐ 图4：移动互联网时代之前的传统日常装备。

◐ 图5：现代的EDC通常包括手机、手表、耳机、移动电源、转接线等产品。手机毫无疑问是现代EDC的核心，很多产品都需要和手机搭配才能使用。

一些看似不可替代的EDC也在被手机整合。例如，随着移动支付（包括NFC技术）的大规模应用，钱包正在被虚拟化，就连车钥匙也开始集成在手机里。

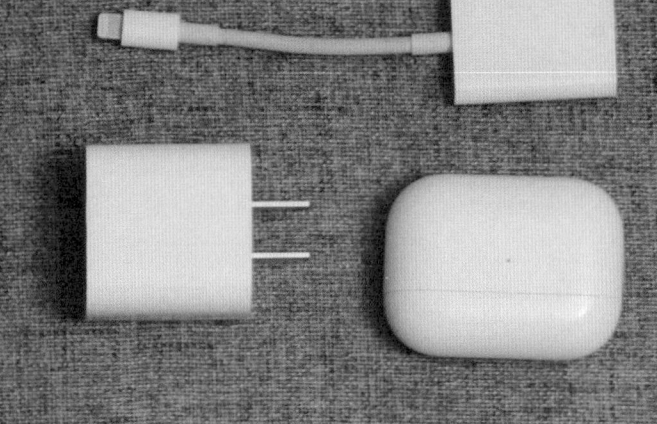

EDC 变迁史：从生存工具到手机一统江湖
Everyday Carry: From Survivalist's Toolkits to Everyone's Gears

129

软硬件的不断升级，让手机成为一款越来越不可替代的 EDC。现如今，我们离开手机几分钟就会感到焦虑不安，这是以往任何其他 EDC 都没有达到的程度。

"呼机、手机、商务通，一个都不能少"这句广告语不知道有多少人还记得。它很朴实地反映了 21 世纪初人们对于便携装备的向往。不过，当年说好的"一个都不能少"，现在只要有手机就足够了。

未来的 EDC

手机会是 EDC 的终点吗？可能不是。

手机仍然有很多不完美之处。比如，由于电池容量、制造工艺等技术限制，手机还没有办法做到"轻若无物"地放入我们的衬衣口袋——反而还变得越来越重了。更为重要的是，在非使用状态下，手机和人体是物理分离的，这会带来设备丢失的问题，也会延长信息的获取路径。

想象一下这样一个场景：口袋里的手机震动了一下，你掏出来，解锁，查看（回复）信息，锁屏，再装进口袋。动作看似一气呵成，但在这段时间里你已经丧失了对周遭环境的部分感知（再次呼吁不要过马路时看手机），且操作方式并不高效。

在这一点上，AR 眼镜提供了部分解决方案。它和人体的关系更加亲密，可以获得更多维度的人体数字化信息；它的显示界面可以叠加现实环境，信息获取路径更短、更直接。

很多科技公司都将 AR 眼镜视为下一代移动计算平台。谷歌早在 2002 年就发布了试水产品 Google Glass（后来转向了行业应用）；微软的混合现实（结合了 AR、VR 技术）设备 HoloLens 已经更新到了第二代；越来

◐ 图 6：行业版 Google Glass。

越多的证据显示苹果也正在秘密研发眼镜产品。

当然，AR 眼镜仍面临着巨大挑战。它确实比手机更加轻便，但对功耗控制的要求也更高，同时它还需要一种可靠、高效的交互方式。从 EDC 的角度来衡量，目前 AR 眼镜在"每天"和"随身"两个层面还有很多要努力的地方，但它确实让我们看到了一点点手机之外未来 EDC 装备的样子。

还存在一种极端可能，那就是有一款 EDC 装备会 24 小时依附在我们身上，甚至和我们的身体进行物理融合。当设备成为身体的一部分，它还需要被称为 EDC 吗？[end]

工具・Tools

⏱ 4'

城市生活 EDC 进化
Everyday Carry for City Life

最好的装备是于需要时在你身边。

Fisher AG7
196

城市生活 EDC 进化
Everyday Carry for City Life

Walkman TPS-L2

自从 1968 年参与阿波罗 7 号任务以来，Fisher 所推出的"太空笔"就成了宇航员的必备 EDC。坚固耐用、任何环境都能书写的特点让它成了一款非常可靠的书写工具。现如今"太空笔"早已不是宇航员的专属，它在很多严苛环境中都得到了应用。

索尼推出的 Walkman 是 20 世纪 80 年代年轻人梦寐以求的 EDC。实际上 Walkman 的诞生并不是天才工程师"灵光乍现"的产物，它的前身是索尼面向记者群体推出的便携录音机。经过外观调整和功能精简后，Walkman 终于有机会把音乐带上街头。

1979

工具 · Tools

Leatherman PST

组合工具 / 多用途工具因为用途广泛，在 EDC 领域拥有很多拥趸。1983 年 Leatherman 推出了旗下首款组合工具 PST，它由钳子、小刀、螺丝刀等 13 种不同的工具组成，受到很多人的喜爱，第一年就卖出了三万把。

1983

任天堂 Game Boy

城市生活 EDC 进化
Everyday Carry for City Life

135

诺基亚 StarTAC

在手机还没有普及的年代，掌机代表了便携科技产品技术的巅峰。尽管 Game Boy 不是当时性能最好的产品，但 15 小时的续航时间，再加上宝可梦、马力欧等王牌游戏 IP 的保驾护航，让它成为同时代最成功的掌机。

诺基亚 StarTAC 是全球首款翻盖手机，也是当时最小巧的手机之一。翻盖手机的普及，让手机变得更小，更加符合 EDC 的特点。虽然现在的手机市场已经被直板触屏所占的天下，但是翻盖手机这个形式并没有消亡，在一些国家依然拥有很多用户。

9 ——————— 1996 ———————

工具·Tools

iPhone

在初代 iPhone 的发布会上，乔布斯开玩笑地说："今天我们要发布三款产品：支持触控的宽屏幕 iPod、革命性的电话和配备突破性技术的网络浏览器。"这款三合一产品就是 iPhone。苹果并不是智能手机领域的先行者，但 iPhone 的出现无疑奠定了现代智能手机的外形和功能的基础，并深刻影响了此后智能手机的发展方向。

Google Glass

2007 — 20

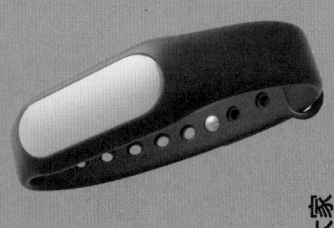

城市生活 EDC 进化
Everyday Carry for City Life

小米手环

Google Glass 是一款看起来和用起来都颇具"未来感"的产品，它是谷歌在探索新一代可穿戴设备以及 AR 技术上的早期尝试。因为售价高昂、侵犯隐私等问题导致 Google Glass 没有在消费领域获得成功，但它并没有完全消失。如果未来智能眼镜还会回到人们的视野的话，Google Glass 一定是其中强有力的竞争者。

2014 年前后，智能手表、智能手环开始出现在大家的手腕上，它们能提供查看时间、健康监测、消息通知等功能。小米手环算是其中的一个异类，它用更加精简的功能（甚至没有屏幕）换来了一个月的续航时间，让智能手环更有"资本"长时间留在我们身边。

2014

工具・Tools

指尖陀螺

2016年指尖陀螺火遍全球，无数人的手指上多了这样一个高速旋转的小玩具。指尖陀螺算是EDC里的一个异类，它并不是一个实用导向的工具，却凭借解压、消遣等用途成功进入了很多人的随身必备清单中。

AirPods Pro

2016 — 20

城市生活 EDC 进化
Everyday Carry for City Life

真无线耳机（True Wireless Stereo，简称 TWS）除了实现了与手机在物理上的真"无线"连接，与智能系统也进行了顺滑融合，在操控上摆脱了按键的限制。再加上不断接近专业耳机的技术更新，使得 TWS 成为近年非常热门的 EDC 品类。引领这个潮流的仍是苹果。在第一代耳机 AirPods 经历了过山车式的评价之后，升级产品 AirPods Pro 再次成为现象级产品。

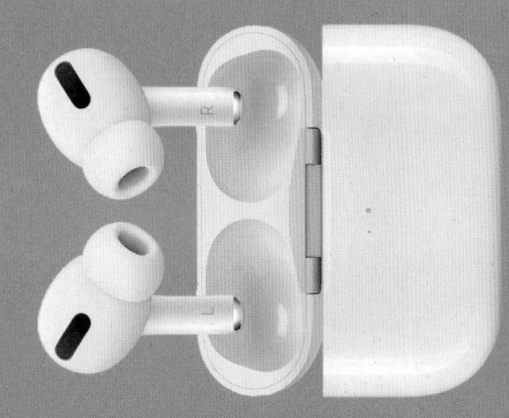

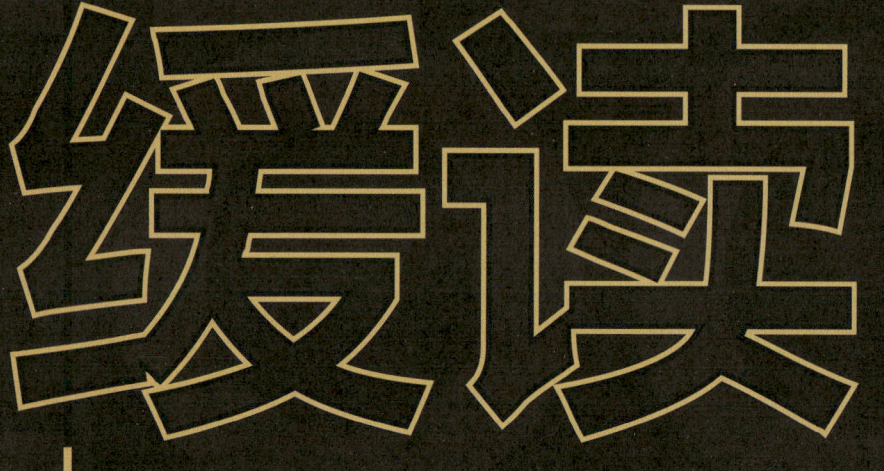

BOOKS
缓读
BLAME!

探索者

一个硅基生物告诉他，
这个空洞是球形的，
直径为 14 万千米

——这实际上就是木星的直径。

缓读 · Books

BLAME!
行至无穷

A Walk into Infinity

🕐 16'

09

written by 邓思渊

科技从业者，游戏开发者，业余科幻作者，养猫人士。兴趣广泛，口味刁钻，时常会有古怪脑洞。

> "在寂静寒冷的大地开始明亮之时，人影已经登上了山峰。"
> "什么是大地？"

　　时间与地点皆是无法辨明的超未来。仍然幸存的人类所生活的这个地方，被称为"都市构造体"，它是一个在永远不停地扩张的巨型构造，尺度大到难以想象。在已经没有人记得的远古时代，这个构造体还处在地球上——但是现在多半已经不是了。都市构造体是一个拆解了地球、月球甚至太阳系其他星球之后建造起来的戴森球，由人类所发明的超级技术支持，由已经失控的人工智能建造，而它们做这一切的目的跟人类毫无关系。

　　说到这里我们还是介绍一下 *BLAME!* 的基本背景。它是一套日本漫画，由漫画家贰瓶勉所作，最早是 1995 年刊登在杂志上的一个短篇，后来扩展成长篇，1998 年长篇第一卷正式出版，2003 年第十卷结束。它在科幻漫画圈拥有极为崇高的地位，被奉为赛博朋克的经典作品。

　　在一个并不遥远的未来，网络的高度发达创造出一个两层的世界：人类的身体居住的巨大都市构造体是物理的世界，被称为"基底现实"；而人类的意识连结的那个世界则被称为"网络球"，被一个巨大的人工智能机构"统治局"控制。在那个美好的黄金年代，人类生下来就携带"网络终端遗传因子"，只有拥有这个权限的人类才能接入网络球，而统治局也只为拥有这个权限的人类服务。但是由于某些根植在系统基本层面的错误，在某个时间，导致所有的网络终端遗传因子全部丢失了，人类再也无法接入网络球，随即整个网络世界陷入了混乱，没有人类的网络球开始自行其是，受其控制的都市构造体开始无限扩张，在数千年的扩张过程中，月球也被拆解，纳入都市构造体的包围之中。到了故事所讲述的时间（可能已经过了几百万年），都市构造体已经越过木星轨道。

　　我们可以看看在贰瓶勉笔下这个都市构造体是什么样子的：

缓读·Books

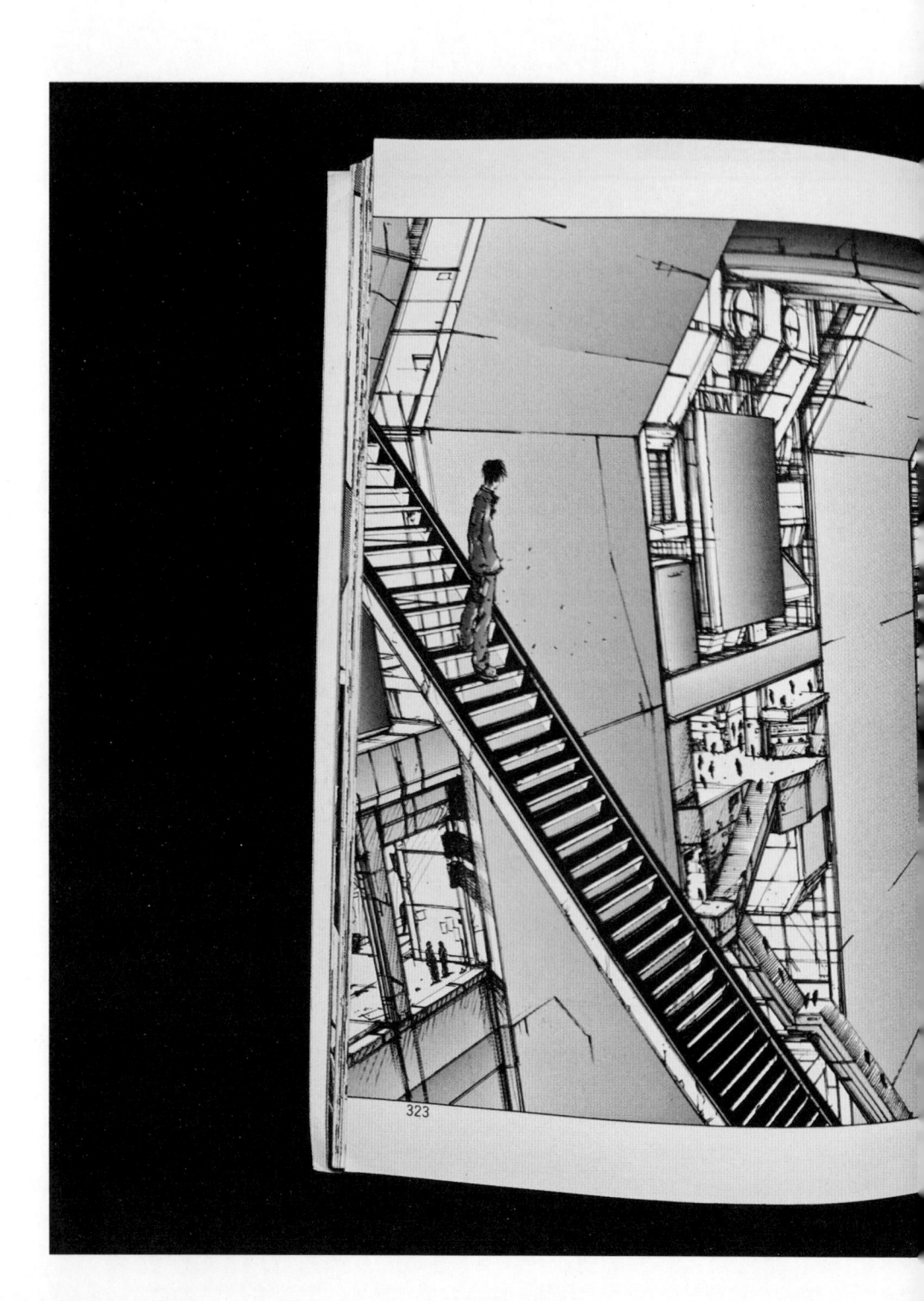

BLAME！行至无穷
A Walk into Infinity

图1：巨构。

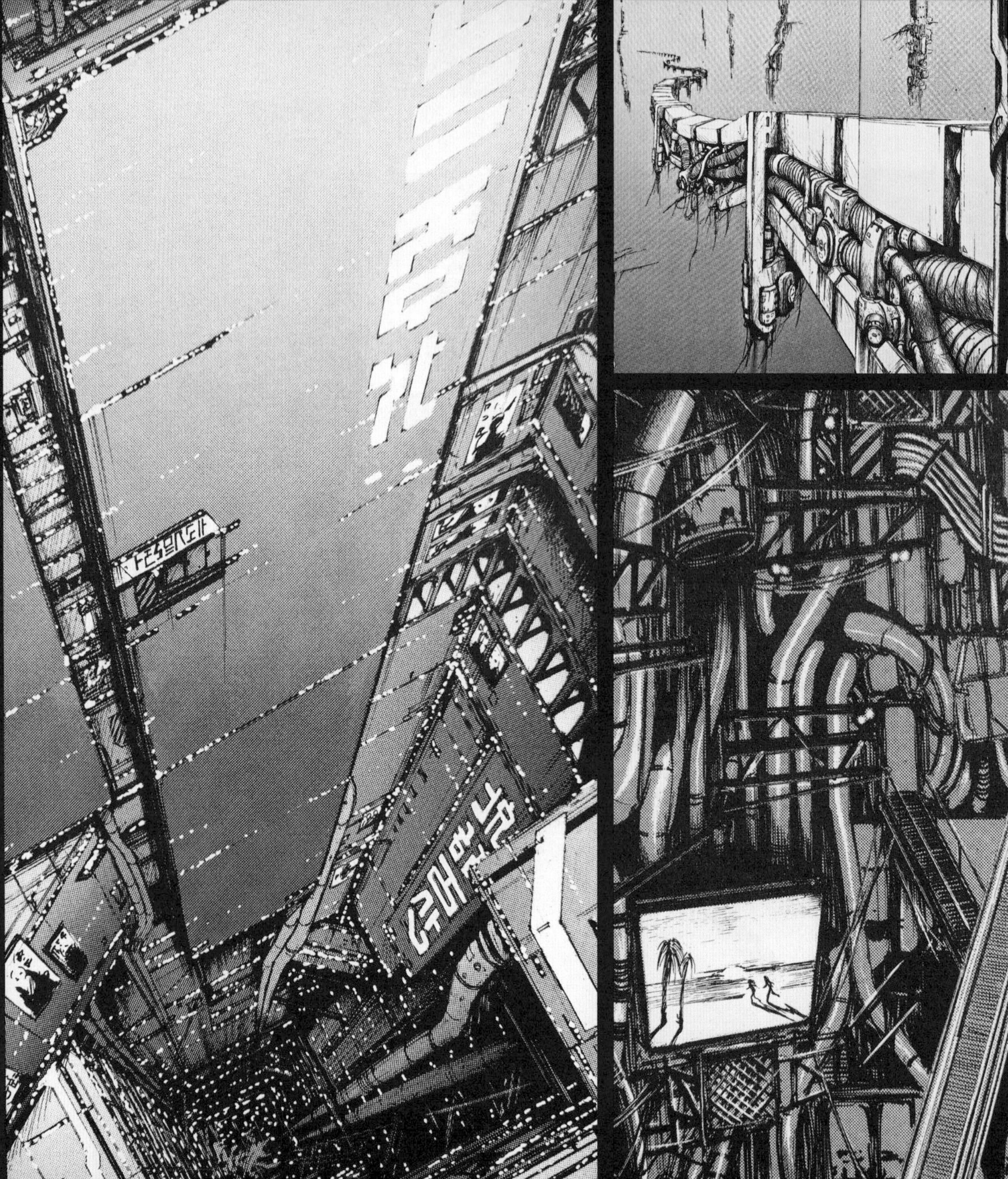

BLAME！行至无穷
A Walk into Infinity

⊙ 图2：建筑上的字是"生电社"的意思，是一个在都市构造体中仍然在运行的人类社会中的科技企业。

⊙ 图3：废弃的廊桥，延伸至无限远。

⊙ 图4：贯穿画面的楼梯是漫画里的一大特色。"大地"的概念不复存在，沙滩和大海是只存在于画面里的古迹。

　　贰瓶勉曾就读于日本福岛县立郡山北工业高等学校建筑课，肄业后加入建筑行业画施工图，后赴美就读于帕森设计学院，转行成为漫画家。这些经历很容易就能在 BLAME! 和他的其他作品中看出痕迹。我们可以立即看出他的风格：极为精确的尺度感、巨大的纵深和型面，以及作为对比的渺小的人类。在这个没有天空也没有大地、向上延伸无限高向下延伸无限远的废墟之中，主角雾亥用人类的尺度、用双脚丈量整个空间。在第一卷中，那个之后再也没有出现的女孩告诉雾亥："三千层以上找到了系统还在运转的居住区。"于是雾亥继续上路。

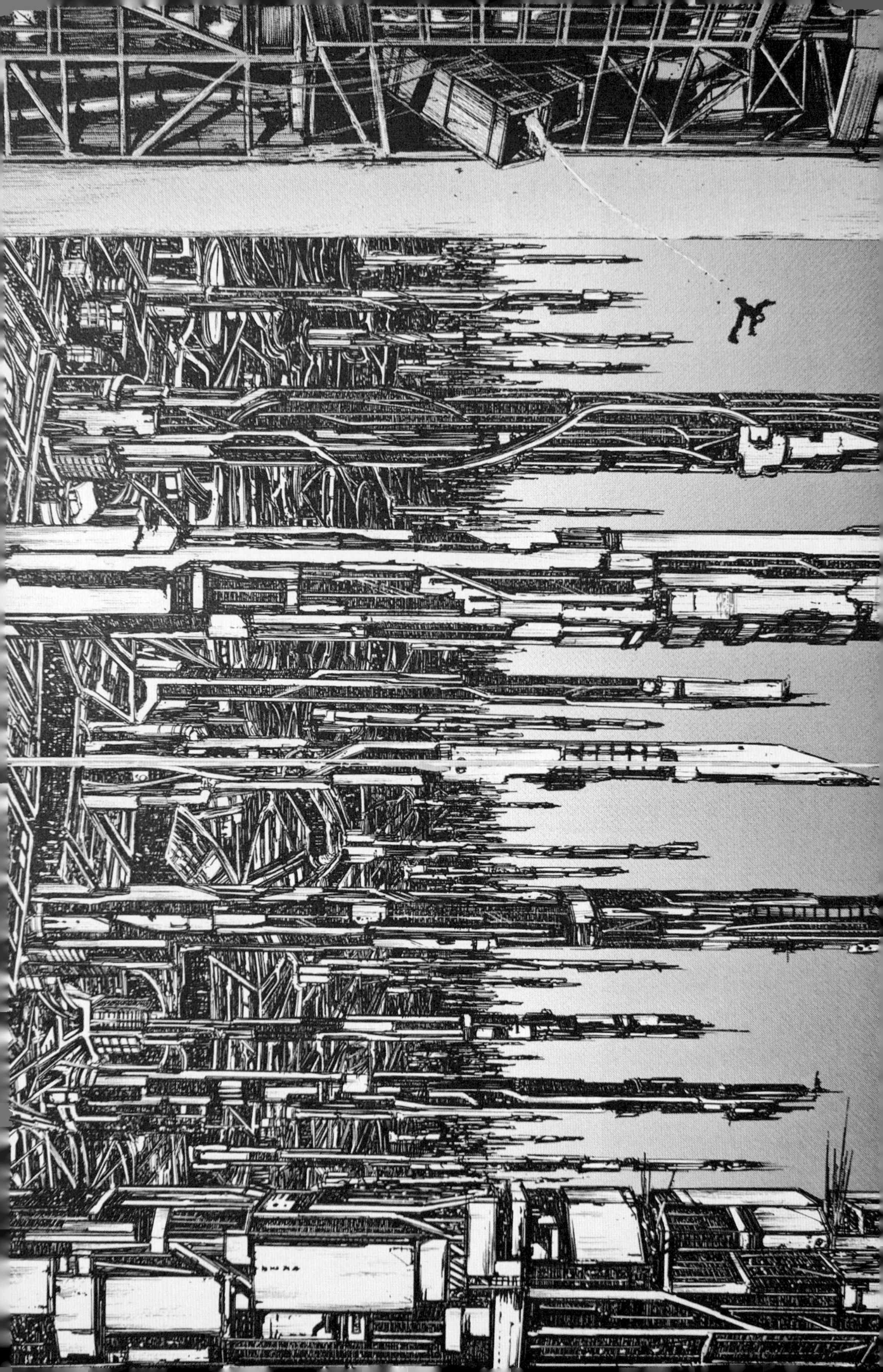

以人的双脚丈量

漫画家用了大量的巨大双开画幅描绘这个都市构造体，而主角在其中只占据极小的部分，从这个角度来说，都市构造体本身才是这部漫画的主角。而都市构造体，又恰恰符合科幻史上的一个经典概念：巨大沉默物体（Big Dumb Object，简称 BDO）。

所谓巨大沉默物体，指的是在科幻作品中常会出现的这样一类对象：巨型人工造物——它很显然并非天然形成，但是它的意义和结构对人类而言是全然的神秘，并且它也不会回应人类。最典型的巨大沉默物体便是阿瑟·克拉克《与罗摩相会》中描写的罗摩飞船：它从太阳系外闯入，完全沉默，人类登上飞船探索，没有找到任何生命，直到飞船离开太阳系，人类仍然没有理解飞船究竟由谁建造，它的结构为何如此，以及它为什么要在宇宙中永恒飞行。

图5：巨大的纵深和型面，以及作为对比的渺小的人类。

都市构造体也同样如此。它的结构、意义、目的都隐藏在帷幕的背后。漫画家并没有具体说明构造体的尺寸，只有暗示：漫画第九卷，雾亥走进一个构造体中的巨大空洞，这时他遇见的一个硅基生物告诉他，这个空洞是球形的，直径为 14 万千米——这实际上就是木星的直径，都市构造体已经将木星囊括在内。我们看到的只是这个巨大、沉默、可怖的人工建筑的极小部分，沉默的主角就漫游其中。

尽管"巨大沉默物体"是科幻作品中经常会出现的主题，但是很少有科幻作品如 *BLAME!* 中对构造体的描绘这样极致。例如，《黑客帝国》之中尼奥第一次从现实世界中醒来看到的黑夜中的人体农场和后来的锡安（Zion），都有着强烈的 *BLAME!* 气息。另一个极为明显的例子是游戏《传送门2》中的旧光圈实验室——玩家被 GLaDOS 放逐，落到光圈实验室的最底层，看到那些没有建完的大型混凝土结构和塔吊，四周传来隐约的重工业环境噪声，这简直就是 *BLAME!* 的原景再现。

缓读·Books

BLAME！行至无穷
A Walk into Infinity

◔ 图6：锡安，出自《黑客帝国2：重装上阵》。

缓读·Books

  2014年的漫画《少女终末旅行》与 BLAME! 采用了同样的公路片式剧情结构，讲述两名少女在末世之后的人类废墟上的旅行。无穷无尽但是空无一人的废墟铺陈在画面中，少女们最后也没有发现其他幸存者，整个基调与 BLAME! 如出一辙。这也难怪作者 Tsukumizu（つくみず）曾经明确地说：《少女终末旅行》就是一部萌版的 BLAME!。

  另一部漫画《来自深渊》也同样有相同的既视感：在一个所有的未知都被探索完毕的世界中，大深洞"阿比斯"（Abyss）是唯一的神秘所在。两个小孩因为各种各样的原因，踏上了前往深渊的旅途。这不过是将主角的旅途从"前往都市构造体的上层"改为"前往深渊的下层"，做了一个颠倒。另外，主人公雷古威力巨大的手炮来自古代科技，能够洞穿一般武器所无法伤害的结构，发射完毕后会耗尽能量让主人公昏迷，这都与雾亥手上的那把"重力子放射线射出装置"十分接近。

  受 BLAME! 气质影响的作品中，名声最大的或许是一个大家都没有想到的游戏——《黑暗之魂》。

  同样是身处末世，背负一个几乎不可能完成的任务的主角；同样是一个语焉不详的世界，只有零零散散的碎片化叙述散落在各地；同样是玩家需要孤身一人对抗那些都不知道从何而来的神秘怪物；甚至主角同样从来

BLAME！行至无穷
A Walk into Infinity

◎ 图 7：《传送门 2》游戏截图。

◎ 图 8：堪称萌版 BLAME! 的《少女终末旅行》动画海报。

◎ 图 9：2014 年的独立游戏 NaissanceE，制作人明确表示受到了 BLAME! 世界观的影响。

都不会死，只会在倒下之后从之前的篝火旁重新站起。虽然《黑暗之魂》的世界观是中世纪奇幻设定，但同样是在一个不可言说的未知世界中，一个孤独而渺小的人类经历一段艰难、折磨、痛苦的旅程——从这个角度《黑暗之魂》可以说像极了 BLAME!。无怪乎很多人都有类似的看法：如果宫崎英高哪天做一个科幻背景的《黑暗之魂》，那么主角就应该是行走在都市构造体中的雾亥。

在漫画的整整十卷之中，虽然雾亥也偶尔会乘坐交通工具或者电梯，但是他最常使用的行动方式仍然是步行。读者跟随雾亥的脚步在都市构造体内部的不同场景之间跳转，从一个走廊穿到另一个走廊，从一座廊桥走到另一座廊桥，从一道楼梯走上另一道楼梯，这也恰恰体现了这部漫画的一个重要特质——叙事上的无时间性，也只有漫画才能够最恰当地塑造这种无时间性的叙事。在这个尺度大到人类难以理解的世界里，从某个场景到另一个场景的距离可能有几万甚至几百万千米。你并不知道在画幅之间，雾亥从一个场景中启程，走到下一个场景到底花费了多长时间。

一个非常经典的段落是雾亥走进一扇门，发现门后是一座旋转楼梯，他望向尽头，自言自语：3000 千米外有一个出口。他走上楼梯，紧接着下一页，就走到了出口。漫画并没有向我们展示他爬上这座楼梯花费了多少时间，我们只能想象——可能是一个月，可能是一年，也可能是十年。我们也不知道十卷漫画过去，雾亥到底花费了多少时间去完成他的使命，甚至不知道最后是不是真的完成了使命。有猜测认为，雾亥最终带着的那个拥有网络遗传因子的女孩，其实就是漫画一开始时他身边的那个女孩。时间在都市构造体内部本身就是复杂不定的。

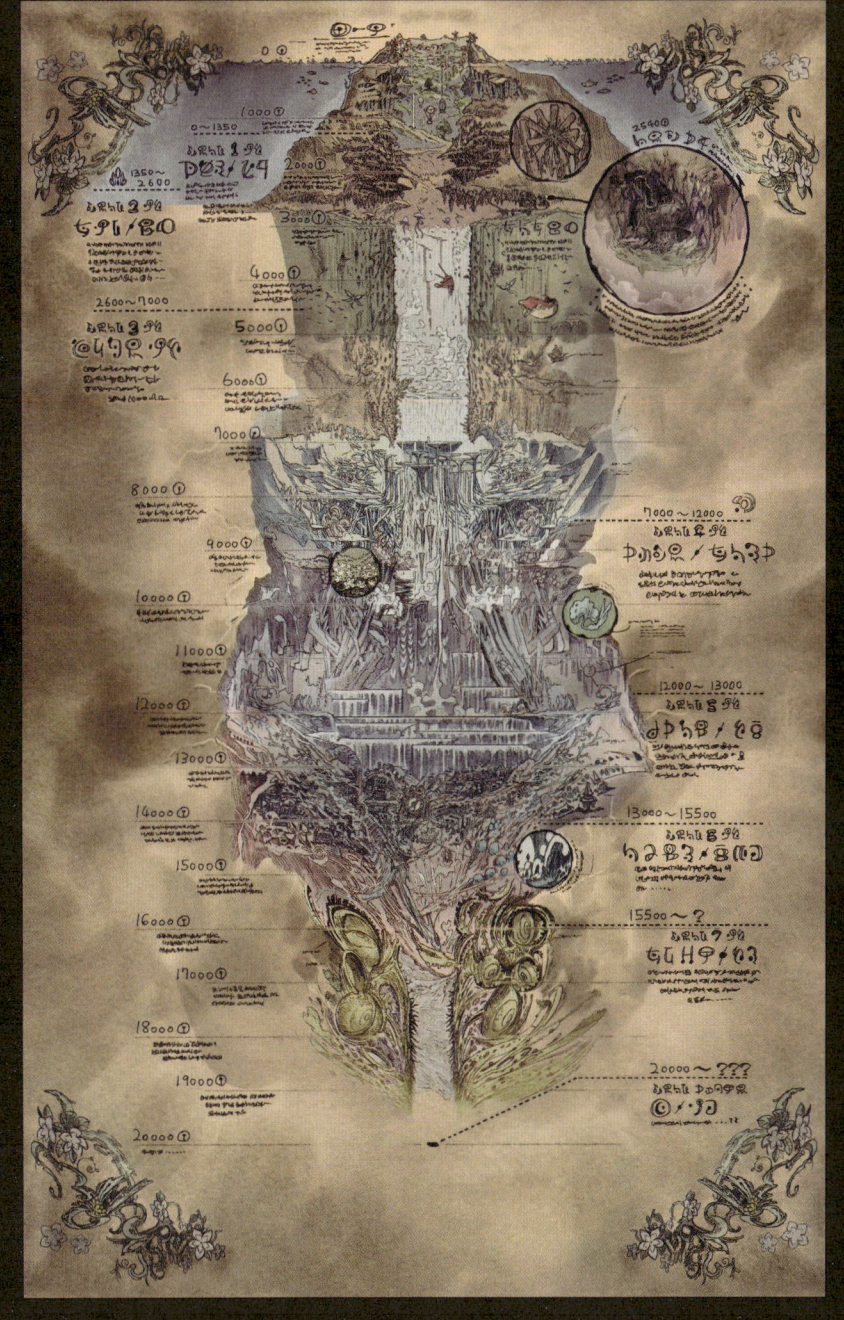

图10：《来自深渊》中的"深渊"地图，神秘的2万米之下究竟是什么呢……

"BLAME!-like"

贰瓶勉在 *BLAME!* 和他的其他一系列作品里还有一个对后来的科幻作品影响深远的塑造，就是一种高挑纤长、人体曲线和无机材质质感结合的人物形象。

在设定里，漫画中最大的反派角色是硅基生物。它们是网络邪教利用网络中的混沌与安全警卫的技术所制造出来的一种人工生命，虽然它们还具有人类的外形，但是整体躯壳都已经是陶瓷或者金属质感的了。而它们的死对头——统治局下用于驱除一切"非授权生物"的安全警卫，同样也是如此：它们虽然有着人类的四肢、躯体和脸，运动和行为模式却与人类并不相同。

毫无疑问贰瓶勉深受"异形之父"吉格尔（Hans Rudolf Giger）的影响——将骨骼而非肌肉作为形状塑造的主要元素加以使用，这是吉格尔所开创的潮流。但是贰瓶勉将玩偶光滑的塑料关节和外壳也加入了形象塑造之中，混合精巧如同能剧面具的无机质脸模，创造出一种极有特色的贰瓶勉式人物形象。这种介于人类、玩偶和机器之间的设计，我们可以在《攻壳机动队2：无罪》中大量看到。还有《我，机器人》中的机器人形象，白色塑料材质和黑色金属骨架的组合，是不是同样很像安全警卫？

可以这样认为，与其说这些角色深受贰瓶勉影响，不如说是贰瓶勉正确地把握了时代潮流：20世纪90年代以降的工业设计就向着大量使用塑料和玻璃等更加轻盈的材质的方向前进。贰瓶勉将这样的工业设计潮流混以一种"恐怖谷"式的扭曲人体设计，最终形成了他特有的风格。到现在为止我们在著名的CG绘画网站ArtStation上仍然可以看到大量的"BLAME!-like"绘画作品。

另一个出现在贰瓶勉所有作品中的形象就是在他的世界观下的一家大企业：东亚重工。

图 11：硅基生物和安全警卫。

东亚重工展现了贰瓶勉漫画之外高超的平面设计水平。我们来看一看东亚重工的 logo：

通过 logo 的简洁形状，我们立刻可以联想到重工业中各种机器的形状——巨大的水压机、塔吊等——非常形象地传达出一个工业企业的气息；字体则在适当简化的情况下仍然保有识别度——汉字圈的人可以轻易识别这四个字，同时它还是极简以及全对称的设计。

在 BLAME! 漫画中，东亚重工是一个巨大的圆筒状殖民飞船的名字。当雾亥来到这里时，当地居住的人类早就忘记了这四个汉字的来历，甚至并不知道那实际上是文字。这些居民是乘坐这艘飞船前往异星殖民的后代，但是因为某些原因，飞船并没有出发。

在这一段故事的最后，雾亥帮助居民离开东亚重工到另一处更加安全的地点定居。东亚重工的中央主控电脑决定启动超空间跳跃，重启它已经延误了不知道多少个千年的旅程。之后，它跳跃抵达的地点，仍然处于都市构造体的内部，随即引发了猛烈的爆炸，彻底摧毁了这艘飞船。

漫画里并没有说明东亚重工的这艘飞船跳跃了多长的距离，只是"跳跃之后仍然在构造体内部"这一叙述，就已经向我们暗示了这个构造体的尺寸非常惊人；居住在这里的居民并不知道这四个字代表什么，同样暗示了故事经历的漫长时间。这种叙事上的语焉不详，就是这部漫画最大的魅力。在这之后，雾亥并没有在东亚重工的居民身上找到网络终端遗传因子，他只能继续踏上旅程。

看过漫画的读者，都会对雾亥手中的那把"重力子放射线射出装置"印象深刻。在 BLAME! 的世界观中，"重力子放射线射出装置"属于"一类临界不测兵器"（一个贰瓶勉发明的"不明觉厉"的术语）。很难想象这把看起来小巧玲珑的手枪能够有那么强大的威力，但是在漫画中，这把武器是唯一能够击穿"超构造体"，甚至世间一切物体的武器。

图 12：东亚重工 logo。

图 13：贰瓶勉另一部作品 BIOMEGA 中各种虚构组织的 logo。

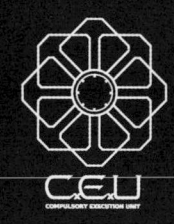

缓读・Books

BLAME！行至无穷
A Walk into Infinity

图 14：中间的这个巨型圆柱结构就是东亚重工的飞船，这也是贰瓶勉经典的尺度对比的构图方式。

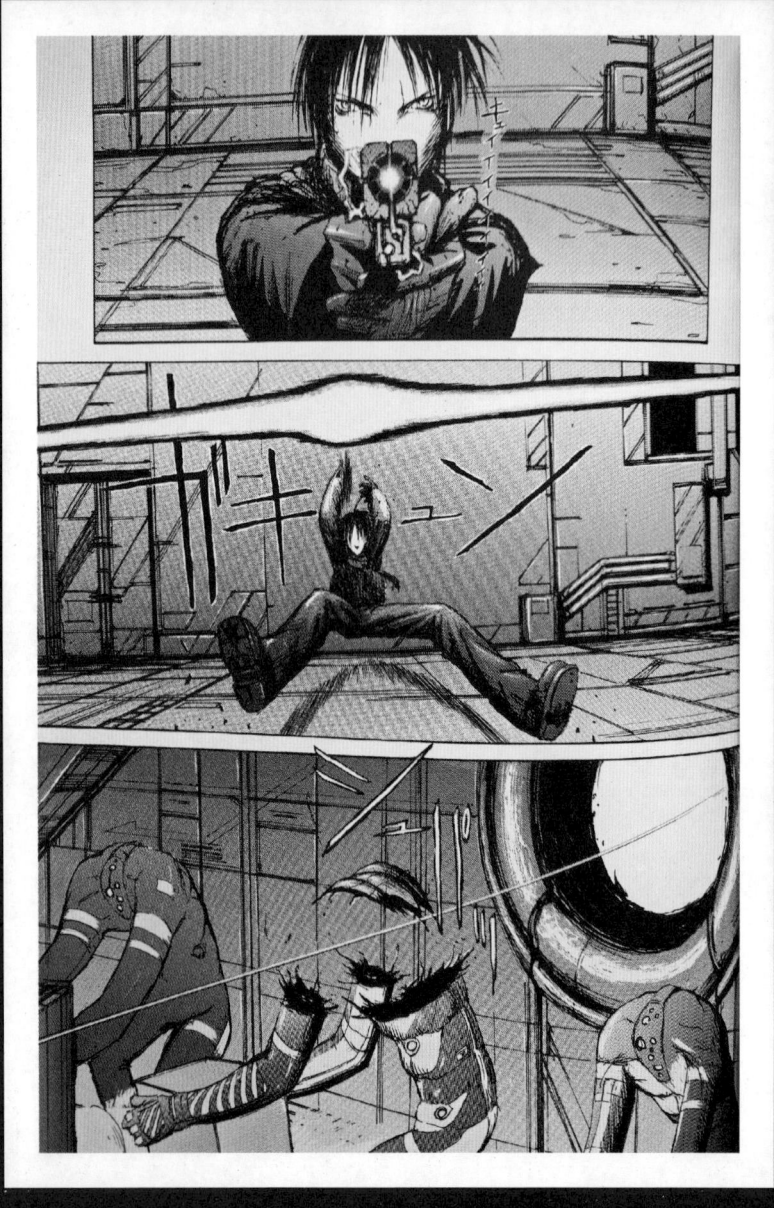

① 图15：重力子放射线射出装置。射线在漫画中是黑白的，但是在2017年网飞制作

"超构造体"还是贰瓶勉发明的一个术语，指一种物质构造，用来制造都市构造体层与层之间的隔离墙与高等级安全警卫的外壳，非常坚固。在漫画表现上，就是一个渺小的人类形体发射出一束极细的光线，穿透几十甚至上百公里范围内的所有物体，随之引起巨大的爆炸。

在《新世纪福音战士》里，庵野秀明也坚持使用类似的极细激光来强调其巨大的威力。屋岛作战中汇集全日本电力的阳电子炮击破雷天使，也使用了类似的细长光线。

在篝火前取暖，在夜晚安然睡去

通过人类的尺度来丈量巨型构造的尺度，极细的光线引发巨型构造的爆炸，这种极大和极小的对比，就是这部漫画的核心魅力。漫画家在绘制巨大构造的时候，永远会将一个渺小的人形放置在画幅的角落。他所表达的这一切庞大、神秘与不可言说，最终还是落回到人的身上，落回到雾亥永不止息的行走和战斗上。这给他的孤独和坚韧赋予了某种神性：雾亥肩负的这份沉重的责任处于永远的循环之中，正如山脚下的西西弗斯，一遍又一遍地将巨石推上山巅。也是这种无时间性和混沌的气氛，构成了这部作品最吸引读者的体验。

整部漫画的台词极为稀少，但是让人印象深刻。第一卷的结束处，雾亥战斗之后读到诗句"在寂静寒冷的大地开始明亮之时，人影已经登上了山峰"时，他疑惑地问道："什么是大地？"在大地都已不存在的世界里，人类仍然要生存。

网飞制作的《BLAME！端末遗构都市》动画中，雾亥与电基渔师们出发去寻找食物。中间休息时，一群人在一间废弃（更可能是从来没有人类居住过）的公寓房间里，围坐在一台取暖器前休息。电基渔师们聊着天，讲到了远古，在一段叫作"夜晚"的时间里，人类围在一种名叫"火"的东西周围休息，就会感到安心。这是刻在人类基因中的。在这个白天、夜晚甚至"火"都不存在的世界里，人类仍然要挣扎着生存。

高贵的人性就在这种时刻凸显出来。

在这个太阳系尺度的都市构造体中，在雾亥没有触及的99.99999999999999%的世界中，很显然还有另外的人类和其他的生物在生存、斗争、死亡。（贰瓶勉后来创作的 *BLAME!* 2 就包括了这样的短篇。）他们来自多么遥远的过去，又要去往多么辽阔的未来，我们只能想象。我们热爱这部漫画，就在于想象过那样一个庞大、神秘、与人无关的世界之后，能够在夜晚安然睡去。[end]

◐ 图16:"在寂静寒冷的大地开始明亮之时,人影已经登上了山峰。"

缓读·Books

BLAME!-like

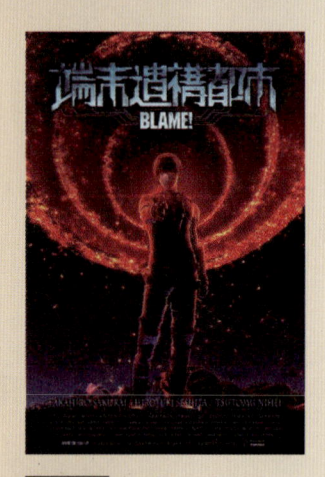

01
动画《BLAME! 端末遗构都市》，2015

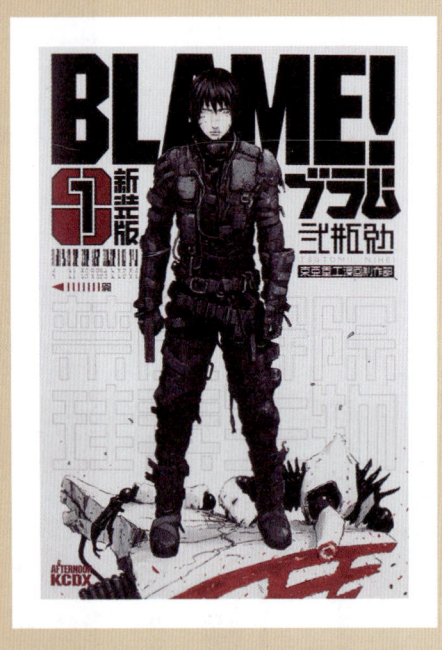

新装版全六册。日文版：讲谈社 2015 年 4 月；英文版：Vertical Comics 2016 年 9 月；繁体中文版：玉皇朝 2017 年 7 月。

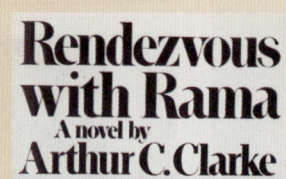

05
《与罗摩相会》，1973

BLAME！行至无穷
A Walk into Infinity

02
动画《新·福音战士剧场版：终》，2021

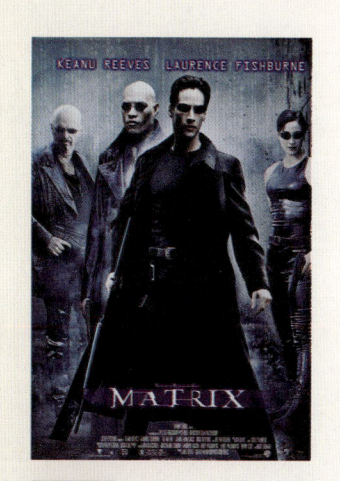

03
电影《黑客帝国》，1999

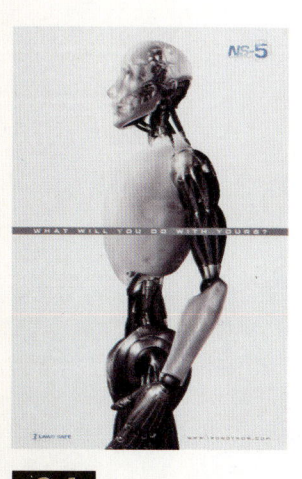

04
电影《我，机器人》，2004

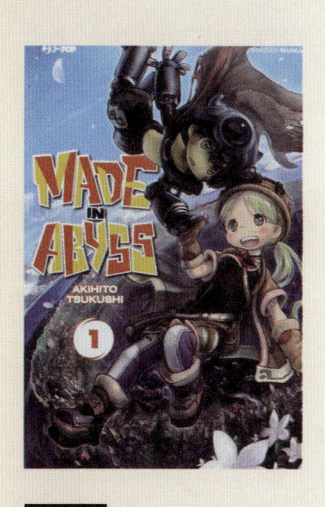

06
漫画《来自深渊》，2017

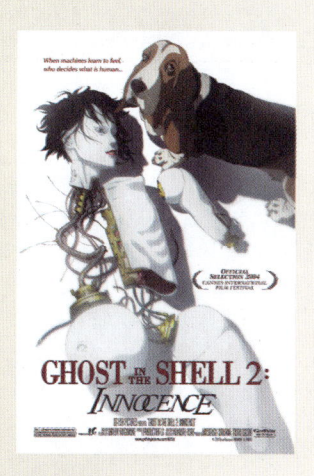

07
动画《攻壳机动队2：无罪》，2004

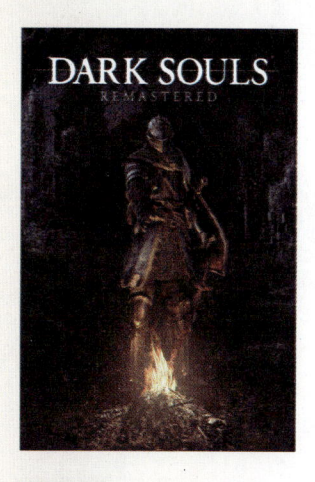

08
游戏《黑暗之魂：复刻版》，2018

WRITINGS
写作
Science

科幻

"我的任务是什么？"
"和我一起去找书吧。"。

Fiction

写作 · Writings

图书馆长和机器人

A Quest For Books

⏱ 20'

10

written by 石黑曜

科幻作者。喜辣、蛋炒饭、科幻，及不可名状之物。著有短篇小说集《莉莉娅，我的星》，曾获第五届豆瓣阅读征文大赛城市奇幻组首奖、第六届未来科幻大师奖一等奖、第十届全球华语科幻星云奖"年度新星奖"银奖。

1

那天，馆长捡到了一个机器人。

2

机器人的型号是 ST-19，执行搜寻作战任务。馆长在郊外齐膝深的雪堆里找到了它。机器人的飞船坠毁在两公里外的山丘，爆炸削去了半个山头。

馆长从老旧的电动皮卡后面拖出铰索，拴在机器人的腰上，吊它上了树，又在后车厢清理出了一片空间，放它躺在书堆里，一路拉回了图书馆。馆长并非工程师出身，对机器人运作的原理一窍不通。她在科技区电子类别下找了几本基础的理论文献，又在工具书区找到了 ST 系列早期版本的操作指南。经过十几个夜晚的苦读后，馆长终于搞清楚了它进入休眠状态的原因。

她爬上图书馆楼顶，拆下一组太阳能氢燃料电池——它们原本来自馆长降落时的救生舱，如今为馆内抽湿换气提供电力——换给了机器人，又取下了它的核心单元，桥接旁路以绕过受损的存储模块，清空冗余错乱的堆栈，重置通用学习系统，对其进行了冷重启。一连串令人不安的吱吱声后，返回初始状态的机器人苏醒了过来。它的摄像头迷茫地对了会儿焦，落在了馆长身上。

"我的任务是什么？"外接液晶屏上出现了一行字。

馆长摘下眼镜，靠在内絮外露的皮沙发上，打量了它半天。

"和我一起去找书吧。"

3

战火四处蔓延。

几个世纪前成立并将人类送往宇宙深处的星联如今四分五裂。拥有最多殖民星球的伊南娜不满星联过高的税收与极低的行政效率，联络数支盟友宣布独立。与其素有摩擦的乌图也顺势挑起事端，在毗邻星域制造冲突，将冷战激作热战。笼罩在两大军事势力的阴影中，星联下属众多成员纷纷用战舰和火炮武装自身，如饥饿的鬣狗般抢夺残羹剩饭。

一颗颗星球如烟火般毁灭。流亡的难民蜷缩在狭窄肮脏的船舱里，依靠合成食物和过滤水维生。他们的飞船附着在中立派别的公共星门空间站外，用简陋的过渡构件连接，看起来就像是变异的冠状病毒。

馆长便来自于众多类似的空间站之一。

在那之前，她生活在一个名为南纳的小殖民星球。作为文化保护组织的一员，她跟随队伍前往战场深处，在一颗又一颗星球上游走，试图在它们被彻底摧毁前带走那些珍贵的遗迹与文物，有时还有那些因为付不起船票而无法离开的难民。尽管早就宣布中立，伊南娜和乌图却早已觊觎南纳的战略位置，纷纷称其偷运反人道主义武器、制造虚假情报、掠夺文化资产。南纳否认了全部指控，并由此招来了灾祸。

家园覆灭那天，馆长目睹了整个过程。

侥幸逃出的人们组建了流亡政府，筹划着向星联法庭提请上诉。馆长却偷偷乘上了一艘飞船，在星门空间站的申请信道表上输入了一个古老的坐标。

她来到了地球。

人类离开这里已经很久了。黄道面的微弱变动令地表再次陷入冰封，森林与草原被积雪覆盖，鸣叫的生灵也销声匿迹。馆长降落在这颗星球上曾经最宏伟的城市，步入其被冰川碾压侵袭后的残骸，最终在中央图书馆前停了下来。

如她所希望的那样，图书馆的主体结构扛住了时间的洗礼，几近完整。馆内收藏的千万册书籍也是如此。

它们等待着被保护。

4

在机器人和它的飞船坠落之前，馆长已经完成了很多工作：她清理了主楼顶层的渣砾，爆破了会议室的墙体，填塞坍塌的洞隙。她搬空了救生舱里用得上的设备，调整了电路模式，想办法让老旧的换气系统恢复了运作。她还检查了每一个开放性书架和密集书库，记下受损书目的标题和作者，并确保剩下的书籍安然无恙。

馆长的目标很简单——修整图书馆，让它和以前一样好——实现起来却并不容易。她不仅需要恢复这栋建筑的外观和功能，寻找受损书目的替代版本，还要想办法填满空置的书架。根据记载，从中央图书馆停止购入书籍，到这座城市被彻底疏散、人类全体移居深空，之间整整跨越了半个世纪，这意味着至少有 50 年，出版的书籍并未收录入库。除此之外，那些过去并不属于中央图书馆馆藏范围，或是因种种原因被转移至其他图书馆、研究机构的书籍也在馆长的搜寻之列。

好在她有一整座城市。

馆长在公共立体车库中找到了一辆还能修复的电动皮卡，更换好电池便能出发上路。每一天，她都会备好饮食，前往书店、物流仓库甚至个人收藏家的住所，寻找所需要的书籍，然后在太阳落山前返回，整理收获，编号入库。由于差劲的路面状况和不稳定的电量供给，她的活动范围十分有限，而需要搜寻的空间却多得惊人。有时一天下来她连一扇门都没能打开，只能空手而归，有时她会找到一整间储放书籍的地下仓库，却浸泡在齐腰深的冰雪融水和不明生物留下的陈年便溺之中。截至发现机器人，她一共找到了 351 本书，这和目标差得实在有点远。

馆长最初希望机器人可以替自己驾驶电动皮卡，因为它不需要进食、不懂疲倦，至少可以扩大自己的活动范围，但不幸的是，机器人并不会开车。尽管这个金属家伙在太空中可以驾驶飞船完成人类无法完成的超级加速度动作，但那离不开模拟训练和全向传感系统的数据支持，而这两样馆长都提供不了。作为一款作战机器人，它在找书这件事上唯一的帮助就是用冲击锤撞开锁住的门，但和它沉重的身体相比，这点节省下来的时间根本算不上好处。试用十几天后，馆长索性把它留在了图书馆，用来处理切割、合成食物一类的杂活。

直到有一天，她注意到了机器人的刀工。

馆长的食物合成釜是为十人以上设计的，每次启动都会制造一大块蛋白凝胶冻，需要按照每天的食用量分割保存，并按照入口的尺寸进一步加工。ST-19 系列的机器人在刀具配置上选用的是硬质航空陶瓷，耐变温抗腐蚀，锐利得足以切断石英枪管，精度达到外科手术级别。由它切下的合成食物，长宽分毫不差，既无粘连，也无破损。

在图书馆三楼的阅览室里，馆长组建了一只干燥箱。除了那些塑封完好的新书，她从外面带回来的绝大多数旧书都需要除霉杀虫、清理尘垢，并进行彻底的干燥处理，才能按照标准分类编号，收入库中。干燥箱和通风系统的一条真空抽气管连在一起，由于功率不佳，书籍放入后必须人工逐页翻动。

"这不是它设计的目的。"听过馆长的想法，机器人的外接液晶屏上显示道。

"切分食物也不是。"

馆长拖回了两百本受潮的商业名人自传，作为练习用书。机器人学得很快，它那曾用来取人性命的刀片如手指般灵巧，可以精准地切开粘在一起的旧书页，并令纸张纤维和油墨毫无破损。等到最后一本自传也恢复如新，机器人的平均速度已经超过了馆长的最佳水平，手法也更轻柔。

这给了她更多灵感。

馆长系统性地梳理了机器人的设备参数，检查了每一件保管良好的武器装置，并给它们找到了更能派上用场的地方：等离子电浆喷射器，熔化混凝土成柔软的胶体，填补漏风的洞隙。连续相位动能枪，打通坍塌的西翼藏书楼，抢救珍贵的古代典籍。动态电子干扰进程组，远程破解古老的服务器，从缓存文件中寻找进出货详单。

随着时间悄无声息地流逝，图书馆变得愈加坚实起来。馆长寻找书籍的效率也越来越高，原本需要花上几年、也许十几年的工作在几个月内就有了肉眼可见的成效。空置的书架一个个被填满，新收录的书籍甚至不得不堆在干燥的墙角。馆长从建材城拖回一堆木板，开始学习如何在缺乏黏合剂的情况下以榫卯结构组建书架。机器人的折叠轮锯派上了用场。一连好几天，空气里都弥漫着木屑焦灼的味道。

但这很值得。

5

冬天到了。暴雪淹没了一切。

馆长有了一个新的计划——收藏电子书籍，以纸质书的形式。

机器人一开始并不理解这个计划。它表示自己可以直接对服务器中缓存的电子出版物进行筛选、归档，在本地建立完整的备份。馆长解释说，尽管存储设备几乎拥有无限的读取寿命，硬件技术的发展却不可避免地将导致未来失去读取它们的工具。事实上,之前为了能让机器人连上服务器,已经用上了十余只转接器,其中一半还是馆长手工打造完成的,无论是供电还是数据传输都很不稳定。顶多再升级三代,这些曾经的文字便将再也无法阅读。

纸质书则不同。它们如同最古老的遗迹一般,以物理性的方式保存在图书馆中。只要人类仍然拥有眼睛、拥有手指,它们就能够被阅读、被理解,从而打破时间的枷锁,将过去与未来连结在一起。

馆长教会了机器人如何将那些无需重复收藏的书籍还原成纸浆,利用从救生舱上拆下来的离子净化喷嘴进行漂白,再在扩充后的干燥箱内压平烘干。她从图书馆的印刷部找到了十几台激光打印机和两台商用印刷机,用超导转子换下硒鼓,又改写了食物合成釜的目标分子式,令其造出一块块可食用的有机彩粉。

印刷进展得很顺利。馆长不再外出,不仅是因为室外温度已经下降到不宜人类生存的水平,也因为外面已经没有什么值得继续搜寻的了。她封锁了图书馆,将活动范围缩小到印刷间废弃物焚烧瓮能够辐射热量的地方,同时抽空对机器人进行了一次全面检查。

她惊讶地发现,机器人拥有一套完整的发声设备。ST-19 系列的机器人并不以能说会道出名,但毕竟版本各有千秋。发声设备意味着机器人也拥有语音交互系统,只是信号转换单元失灵,大概是在飞船坠毁时受到了损坏。

馆长从图书馆的广播中心拆下一组同样功能、三倍尺寸的原始配件,装进二十厘米见方的盒子里换下了故障的部分。一阵静电干扰似的嘶嘶声后,盒子上亮起了红灯,提示已经准备就绪。

一分钟过去了。机器人仍然保持沉默。

馆长再次检查了一遍线路,确认自己没有插错接口。"说点什么呀。"

"我不知道应该说什么。"机器人调了调摄像头的焦距。

馆长笑了。

"我来教你。"

她为它挑选的第一本书是1980年版的《列那狐的故事》。机器人花了大约三分钟读完了它。

"怎么样？"馆长问。

机器人合上书，"什么是圣歌？"

馆长选了《神圣的存在》与《现代性的神学起源》两本书交给机器人。机器人读完后没做多少评价，只是对书中提到的雅歌颇感兴趣。于是馆长继续借出《圣经》的同时，也将《诗经》《罗摩衍那》和《莎士比亚的十四行诗》一道推荐给了它。

很自然地，机器人的阅读领域开始从诗歌转向了戏剧、小说，并对人类的生活产生了好奇。馆长找来了记录过去时光的摄影集，并附上了农业、建筑、服饰、器具、医学，以及交通工具的发展通史。这一次机器人阅读的时间很长。等它放下最后一本薇薇安·迈尔的摄影集时，馆长已经靠在躺椅上打起了瞌睡。机器人没有打扰她。这个金属家伙在角落里安静地站着，任凭焚烧瓮的火光照亮它没有表情的面庞，仿佛正在思考什么似的。

第二天馆长醒来后，机器人对着她作了个揖，姿势标准、恭敬。"我想多了解一下汽车运作的原理，"它说，"究竟是什么让它们奔跑。"

对内燃机的痴迷让机器人在自然科学分馆待了整整两个月，只有操作印刷机和补充彩粉的时候，馆长才能见上它几面。沿着人类探索自然的脚步，机器人在书中追随欧几里德和丘成桐，听取彭罗斯和宫永守一的演讲报告，遥望旅行者一号和BFR留下的尾迹，并将视线延伸入群星之中，穿过日珥、行星星环、彗星、星云和星际尘埃，直至与玉树深空殖民地的气候改造机撞在一起。

与此同时，它仍然在阅读文学。

机器人经常困惑于故事与史书之间的矛盾与冲突。尽管那些作品乍看上去十分可信，但无论是背景还是细节都未免与历史上的真实版本颇有出入。即便是那些讲述发生在同一历史时间的故事，也往往会因为采取的视角、手法不同，而塑造出完全不同的人物，甚至展现出截然相反的观点。

至于那些发生在幻想世界的故事，机器人则完全搞不明白。

"这也许是因为你误会了虚构的目的，"一天馆长对它解释道，"文学作品并不是为了重现真实，至少不完全是。人们一方面困扰于现实生活的不可掌控，一方面又渴求着行为、因果所能赋予命运更高层面的意义。他们将体验、感受、思考、困惑、梦想以及幻象在表达欲的驱使下用文字的方式记录在案。这样一来，当时间与空间流向不可逆转的彼方，当历史不再准确，甚至被有意涂改时，真实的侧面便能够刺穿虚构的屏障，传递到读者面前。"

"你的意思是，虚构是一种力量？"机器人问，"这就是他们下令焚烧书籍的原因吗？因为恐惧虚构？"

"他们？"

"恺撒、秦始皇、希特勒……还有比提。"

"比提？"

"《华氏451》里面的那个消防员队长。"

"啊……也许吧。"

馆长抬起头，望向中庭的玻璃穹顶。机器人不知道她究竟在注视什么，也许是空气中一小片微不足道的尘埃，也许是重压下融化又凝结的一朵雪花，又也许什么都不是。

过了很久，馆长收回目光，开口说道："我最喜欢的一位前深空殖民时代作家曾经写下这样一句话，'文明并非取决于战舰的数量，而是我们写下的文字。'她相信广袤的星空将会激发无穷的探索精神，而当那一天到来的时候，人类会放下武器，将刀剑重铸成犁，令枪膛开出蔷薇。"

"我也是一件武器。"机器人说。

"是的。而现在，你过上了每日与书为伴的日子。"

"为什么其他人、其他机器人并没有过上这种日子？"机器人问，"如果人类当初是为了寻找和平而离开，那是否也意味着，他们一无所获？所以才没人回来，回到地球？"

"我们这不是回来了吗？"馆长笑了。

机器人换了一下光圈，摄像头发出"咔咔"的声音。"再给我讲一遍南纳的故事吧。"它请求道。

"啊……那可是个很美的地方。"馆长的眼神朦胧起来，打开了话匣子。

已经不复存在的故乡经过记忆的加工娓娓道来，仿佛添加了一层金色的辉光。南纳的确是金色的，那是麦浪的味道，是落日前汪洋的声响，是人们欢笑、舞蹈的气息，是梦、理想与希望的光芒。记忆中的时间是凝固的、永恒。馆长多么希望它能一直持续下去，尽管她早已知道结局如何。

"对不起。"虽然机器人和她都不明白它为什么要这样说。"他们一定派了很多人追你。"

"什么？"

"那种时刻，每一艘飞船都是重要的财产。"

"大概是我没有那么重要吧，"馆长轻描淡写地说，"谁知道呢？也许他们的确派了吧。"

"为什么是地球？宇宙很大，可以选择的星球还有很多。"

"我保护不了我的故乡。但在这里，我至少可以保护别的东西。这样未来的某天，人们就会知道我们究竟是从何处出发，又是如何成了这番模样。"馆长摘下眼镜，抚摸手中的《虚构与真实》。"这座图书馆，我原本希望它可以成为一座纪念碑。那将会是个大工程，需要更多的人手才能完成。"

"或者时间。"机器人说。

那天之后，馆长碰见机器人的时间变得更少了。印刷间里经常空无一

写作 · Writings

人，只有印刷机在不眠不休地自动运行。她偶尔会发现图书馆的后门被打开过，机器人的脚印徘徊于茫茫白雪之中。在有些特殊的夜里，馆长还会被西翼传来的噪声惊醒，尽管那里的藏书已经转移，剩下的只有坍塌的废墟。

她知道，如果自己询问，机器人一定会如实相告。但她没有这么做。

而且随着电子书籍的印刷步入尾声，馆长还有一项新的计划需要忙碌。

这座城市并不是这颗星球上唯一的遗迹。在大陆的彼端、大洋的彼岸，还有许许多多同样被忘记的城市、被闲置的图书馆。记述不同的语言、文化和故事的书籍等待着被重新发现、保护。那将是跨越上千公里的旅行、未知与探索，她虽然还不知道该上哪里寻找合适的交通工具，但已经感到了兴奋。

春天不可避免地到来了。气温刚刚达到零下20℃以上，机器人便迫不及待地催促馆长出去走走。

"为什么这么急？"馆长一边穿保温服一边问。

"我有个礼物。"

他们来到图书馆的前广场，地面的积雪已经被清理一空。不远处，重新修复的西翼藏书楼在日光和冰晶的共同作用下闪烁着璀璨的光。它看起来比以前还要结实、漂亮。

"你真是个优秀的家伙！"馆长给了机器人一个大大的拥抱。随即发现了另一件更大的礼物。

那辆老旧的电动皮卡后面，多了一架雪橇。

6

为电动皮卡加装雪地履带后，馆长和机器人带上必需的设备，踏上了跨越大陆的旅行。这持续了许多个年头。他们先是漫游在整片大陆，接着又跨过冰封的大洋，抵达了更多陌生的角落。他们发现这个世界并未彻底覆盖在冰雪之下，在那些纬度较低的地方，岩石与沙砾的缝隙之中，绿色仍在生长。

他们与变化无常的暴风雪搏斗，躲避掩藏在冰原下的致命峡谷，依靠散热片和融化的雪水维生。他们依靠微弱的地磁勉强辨认方位，钻进即将倾倒的建筑中，将一本本珍贵的书籍捆绑在雪橇上。他们返回图书馆，为卸下的书籍编号、收录，并且建造起更多的藏书楼以容纳它们。

然后，他们再次出发。

一路上，他们遭遇了各种各样的危险，而机器人始终伴随在馆长身旁，从未离开。

再然后，馆长的视力渐渐坏了。

第一次短暂失明发生在跨越太平洋的时候，馆长在惊慌中差点驾车撞上一座冰丘。机器人及时地接过了方向盘，完成了剩下的行程。随后的几个月里，馆长失明的次数越来越多，时间也越来越长。机器人翻阅了图书馆内的医学教科书，指出这很可能是由于长时间在冰原生活，注视过强的反射阳光而导致的视网膜脱落。书中指出了几种眼科手术和仿生视网膜的合适材料，但机器人并不知道如何操作。即便它可以，也缺乏必要的解剖数据。正如馆长所预言的那样，医院里的存储设备已经无法读取。

"总有些事情是书籍解决不了的。"她劝慰它道。

旅行被迫中止后，馆长在图书馆中找到了一个舒服的房间，不再出门。与此同时，为了将书籍读给馆长听，机器人开始学习朗读。

与无声的阅读不同，朗读不仅需要机器人理解词汇和语句，还要掌握文字中夹杂的韵律、节奏，以及情感。为了更好地磨练技巧，它进一步涉猎了音乐、绘画、舞蹈，甚至电影领域。

机器人知道在图书馆的东翼有一个儿童放映厅。它从物流仓库里拖回了全新的放映机，重新架设了音响和幕布，又从电影研究中心找到了上万部数字化修复的老胶片电影。它常常在放映厅里最好的位置上坐上一整晚，观看数百年前的人类如何交谈、争吵、战斗、生活。

它为馆长放映了小津安二郎的《秋刀鱼之味》。在电影放映的过程中，机器人始终在她耳边轻声言语，描绘银幕上出现的每一处细节。后来她告诉机器人，这是她最幸福的时光之一，尽管这也是她唯一一次来到放映厅。

在那之后，机器人关闭了放映厅，再也没有去过。

7

馆长在一个晚秋去世了。

机器人始终陪在她的床前，直到临终的那一刻，寸步未离。

她走得很平静。

8

按照遗嘱，机器人将馆长的遗体带去了图书馆后门外的一个小花园。虽然有些难以置信，但这却是它第一次踏足这片区域。馆长生前曾告诉它，自己将来到地球时乘坐的救生舱停在了那里，和飞船一起。

机器人并没有找到飞船。

在救生舱旁边，它只发现了一大块勉强拼在一起的、属于飞船引擎部位的碎片，弹孔清晰可见。哪怕没有弹头残片，机器人也能判断出其规格与自己飞船上的动能武器完全一致。

它的型号是ST-19，执行搜寻作战任务。

机器人沉默地站在馆长的墓前。没有人知道它究竟在想些什么。

数日、数夜的时间过去，机器人身上的雪融了又冻，成了厚厚的壳。最后它终于决定采取行动。机器人在馆长的墓前作了个揖，看了一眼飞船碎片，接着转身离开了。

毕竟，它还有书需要寻找。

9

许久之后，一艘新的飞船降落在了图书馆外。这并非是他们意图如此，纯粹只是因为在这颗空旷荒芜的星球上，这座如山峰般高大、如钻石般夺目的图书馆是唯一一栋完整的建筑。

飞船上下来了一位将军和他的士兵们。在图书馆的前广场，他们见到了机器人。通报身份之后，将军没有从机器人身上得到任何反应。他的士兵们认为自己的长官受到了蔑视，纷纷举枪对准机器人。将军却饶有兴致地挥挥手，示意他们不要紧张。

"你是一款作战机器人，"他一眼便认出了它的型号，"你没问我究竟谁赢了。"

"那很重要吗？"机器人望了一眼将军身后的飞船，以及那些悬停在地球同步轨道上、投下巨大阴影的武装舰队。"你们是来烧毁它的吗？"它问。

将军哈哈笑了，仿佛机器人讲了一个笑话。他摘下军帽，坐在图书馆巨大的石阶上，掸了掸衣摆上的灰尘。"为什么你不给我们读一本书呢？"

机器人回过头，凝视身后的图书馆，仿佛里面存放着永恒。

然后，它转向将军。

"那天天气很冷，天色阴沉。列那狐呆呆地看着家里那口已经空了的食物橱……" [end]

写作 · Writings

图书馆长和机器人
A Quest For Books

OFFLINE 离线

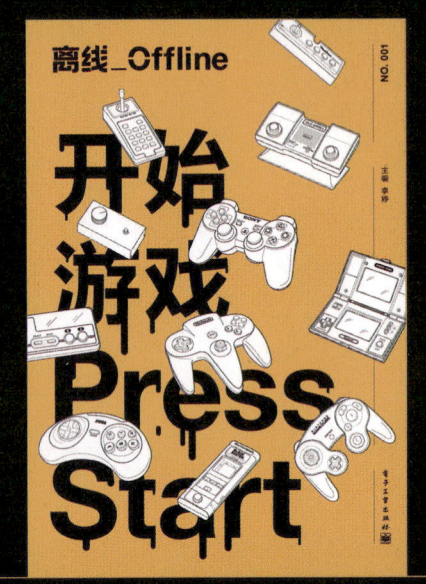

No.001

《离线·开始游戏》
Press Start

聚焦"游戏"这个技术与人文的交叉领域，分别从游戏设计师、玩家、商人和学者的角度，探讨游戏的本质和吸引力的来源。《模拟人生》和"吃豆人"的趣味，任天堂商业上的沉浮，一切都指向背后的"游戏精神"，它使人在虚拟和现实的边界感受存在的意义。

No.002

《离线·黑客》
Hackers: A Revisit

讲述了"黑客的诞生"以及乔布斯和家酿计算机俱乐部的故事，并用四篇文章详细介绍了黑客文化在当下的新发展。极客文化的源头是黑客文化，无论是生物黑客和DIY创客的实践，还是亚伦·斯沃茨的抗争，都是黑客精神在当代的延续。

出版物

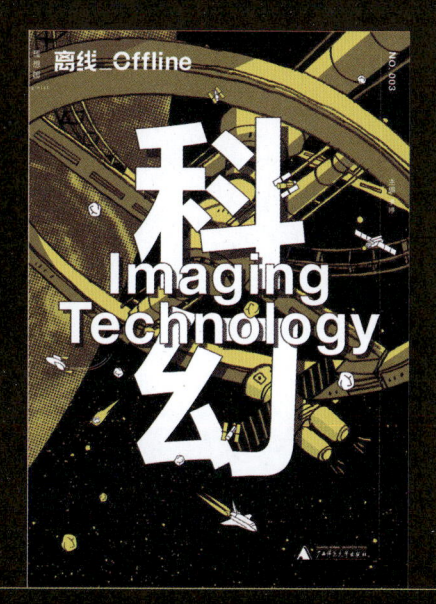

No.003

《离线·科幻》
Imagining Technology

科幻是一扇门，连接着科技与幻想、现实和虚拟、当下与未来。"中国科幻问卷"邀请九位华人科幻作家探讨幻想与技术的共生关系。威廉·吉布森对赛博格的"蒸汽机时代"的追溯，私人航空公司的火星殖民计划，"技术"和"故事"间的关联揭示了未来已来。

No.004

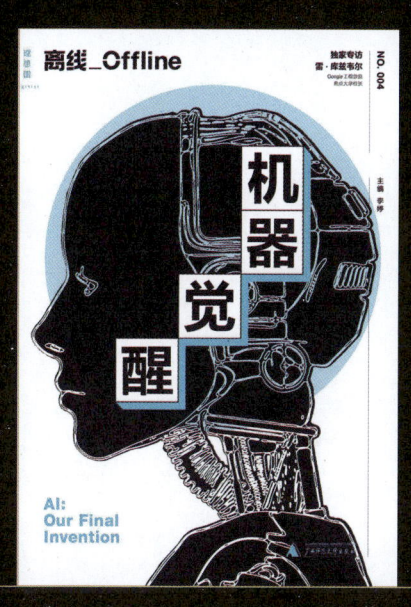

《离线·机器觉醒》
AI : Our Final Invention

专访奇点大学校长库兹韦尔与百度首席科学家吴恩达，揭秘人工智能的研究前沿。邀请包括豆瓣阿北、搜狗王小川在内的 6 位中国互联网创业者，描述他们眼中的 2045。从人工智能研究者的道德拷问中，直面机器觉醒的伦理挑战。

OFFLINE 离线

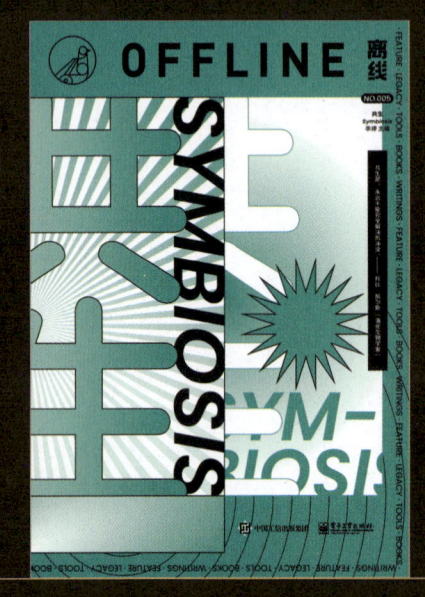

No.005

《离线 · 共生》
Symbiosis

共生是两个伙伴之间密切、长期的相互关系。我们从微生物的角度出发,开始一场"由内而外,以人为中介"的共生之旅。在这个系统中,我们与共生对象不断交流反馈,或是平等互助,或是各有损耗。通过共生,人类认识、拓展自己和外物,同时也改变着世界的样貌。

No.006

《离线 · 副本》
Copy

我们生活在一个"副本"泛滥的时代。通过讨论不同历史时期、多种维度下的副本的状态和本质,我们整理出三个层次的分类:复制品、仿制品和独立品。在这个体系中去理解副本与正本之间的关系,重新归纳万事万物,并思考一个核心问题:什么是真正的创造。

出版物

离线科普小套系

精选《离线》在付费电子刊时期的高人气专题，关注科技与文化的交叉领域。丛书覆盖青年生活、食物科技、隐秘设计和技术历史等多个话题，为热爱生活、有好奇心和求知欲的读者打开新奇多元的视角，探索日常生活之中的技术趣味。

《逃离青年危机：当代焦虑生活诊疗手册》
早上好！年轻的朋友～打开这份手册，愿你心情快乐舒畅，身体健康无忧！

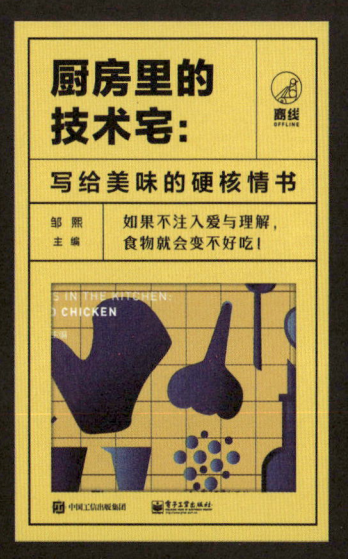

《厨房里的技术宅：写给美味的硬核情书》
如果不注入爱与理解，食物就会变不好吃！

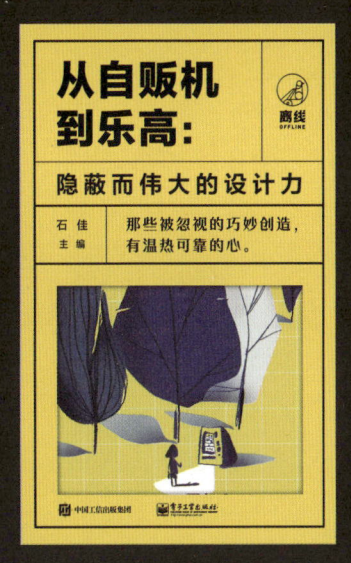

《从自贩机到乐高：隐秘而伟大的设计力》
那些被忽视的巧妙创造，有温热可靠的心。

《旧术犹新：过去和未来的惊奇科技》
阿瑟·克拉克："任何足够先进的科技都与魔法无异。"

离线
OFFLINE
NO.007

主　　编：李婷
专题策划：不知知 / Cris / 石佳
专栏策划：Cris / 不知知
艺术指导：@broussaille 私制
装帧设计：monako
插　　画：海天

特别感谢：刘鹏、汤一涛、林沁对本期的编辑协力

微信公众号：离线（ID：theoffline）
微　　博：@ 离线 offline
知　　乎：离线
网　　站：the-offline.com
联系我们：AI@the-offline.com